Schlaf- und Schlafmittelforschung

Neue Ergebnisse und therapeutische Konsequenzen

Symposium zum
37. Deutschen Kongreß für Ärztliche Fortbildung
Berlin 1988

Herausgeber:
St. Kubicki
A. Engfer

Springer Fachmedien Wiesbaden GmbH

CIP-Titelaufnahme der Deutschen Bibliothek

Schlaf- und Schlafmittelforschung: neue Ergebnisse u. therapeut. Konsequenzen /
St. Kubicki; A. Engfer (Hrsg.).

ISBN 978-3-528-07987-1 ·
NE: Engfer, Adalbert [Hrsg.]

Herausgeber
Prof. Dr. St. Kubicki
Neurochirurgisch-Neurologische Klinik und Poliklinik
Univ.-Klinikum Charlottenburg
Spandauer Damm 130 · 1000 Berlin 19

Dr. rer. nat. A. Engfer
Schering Aktiengesellschaft
Pharma Deutschland Medizin
Postfach 65 03 11 · 1000 Berlin 65

Wichtiger Hinweis
Medizin als Wissenschaft ist ständig im Fluß. Forschung und klinische Erfahrung erweitern unsere Kenntnisse, insbesondere was Behandlung und medikamentöse Therapie anbelangt. Soweit in diesem Werk eine Dosierung oder eine Applikation erwähnt wird, darf der Leser zwar darauf vertrauen, daß Autoren, Herausgeber und Verlag größte Mühe darauf verwandt haben, daß diese Angabe genau dem Wissensstand bei Fertigstellung des Werkes entspricht. Dennoch ist jeder Benutzer aufgefordert, die Beipackzettel der verwendeten Präparate zu prüfen, um in eigener Verantwortung festzustellen, ob die dort gegebene Empfehlung für Dosierungen oder die Beachtung von Kontraindikationen gegenüber der Angabe in diesem Buch abweicht. Eine solche Prüfung ist besonders wichtig bei selten verwendeten Präparaten oder solchen, die neu auf den Markt gebracht worden sind.

Konzeption und Realisation: Jürgen Weser, Gütersloh
Herstellung: Gütersloher Druckservice GmbH, Gütersloh

ISBN 978-3-528-07987-1   ISBN 978-3-663-20215-8 (eBook)
DOI 10.1007/978-3-663-20215-8

Inhaltsverzeichnis

Verzeichnis der Referenten und Autoren

Adam, K., Dr., University Department of Psychiatry, Royal Edinburgh Hospital, Morningside Park, Edinburgh EH10 5HF, U. K.

Engfer, A., Dr., Schering Aktiengesellschaft, Pharma Deutschland Medizin, Postfach 65 03 11, 1000 Berlin 65

Hindmarch, I., Prof. Dr., Head of Human Psychopharmacology Research Unit, Department of Psychology, University of Leeds, LS 29 JT, U. K.

Müller, W. E., Prof. Dr., Zentralinstitut für Seelische Gesundheit J5, 6800 Mannheim 1

Oswald, I., Prof. Dr., University Department of Psychiatry, Royal Edinburgh Hospital, Morningside Park, Edinburgh EH10 5HF, U. K.

Penzel, T., Medizinische Poliklinik — Zeitreihenlabor, Universität Marburg, Baldingerstr., 3550 Marburg/Lahn

Peter, J. H., Priv.-Doz. Dr. Dr., Medizinische Poliklinik — Zeitreihenlabor, Universität Marburg, Baldingerstr., 3550 Marburg/Lahn

Rüther, E., Prof. Dr., Zentrum Psycholog. Medizin, Kliniken der Universität, Abt. für Psychiatrie, Robert-Koch-Str. 40, 3400 Göttingen

Schütz, H., Prof. Dr., Klinikum der Universität, Institut für Rechtsmedizin, Frankfurter Str. 58 a, 6300 Gießen

v. Wichert, P., Prof. Dr., Klinikum der Universität, Zentrum für Innere Medizin, Abt. Poliklinik, Postfach 23 60, 3550 Marburg/Lahn

Vorwort

St. Kubicki

DieTatsache, daß über zehn Prozent der erwachsenen Personen der sogenannten zivilisierten Welt stark unter Schlafstörungen leiden, daß sie mehr oder weniger regelmäßig Hypnotika benötigen, rechtfertigt es unseres Erachtens, an dieser Stelle in fast jährlichen Abständen über Schlafstörungen zu referieren. In der Mehrzahl erlaubt die Anamnese beim einzelnen sicher nicht, die Schlafstörung als Krankheit zu definieren. Dennoch leiden viele Menschen sehr nachdrücklich unter dem nächtlichen Wachsein. Die Beeinträchtigung der Lebensqualität ist jedenfalls erheblich. Diese Beeinträchtigung ist nicht nur im Sinne des mangelnden morgendlichen Wohlbefindens zu definieren, sondern auch im Sinne der Leistungsminderung am Tage, was sich vor allem auch beruflich negativ auswirken kann. Dies ist sicher kein spezielles Problem unserer heutigen Leistungsgesellschaft, wenn auch zu vermuten ist, daß sie etliches zur Zuspitzung des Problems beiträgt. Die auf psychotherapeutischer Basis geführten Schlafkliniken des Altertums, z. B. in Epidaurus, lehren uns, daß es sich um ein allgemeines Problem menschlicher Großgesellschaften handelt.
Der medikamentöse therapeutische Ansatz dürfte sich in der Antike im wesentlichen auf Alkohol beschränkt haben. Einschlägige Medikamente gegen Schlafstörungen sind uns aus dieser Zeit jedenfalls nicht bekannt. Dies änderte sich grundlegend erst in diesem Jahrhundert mit der Einführung der Barbiturate.
Schering verfügte schon frühzeitig über ein barbiturathaltiges Schlafmittel — das Medinal® — und kann damit auf eine lange Dauer pharmakologischer Schlafbehandlung verweisen; später folgte ein Harnstoffderivat als Valamin® und 1980 das Benzodiazepin Lormetazepam, das eine zeitgemäße Behandlung von Schlafstörungen ermöglicht. Die Benzodiazepine haben sich inzwischen als äußerst wirksame Hypnotika für einen bestimmten Bereich von Schlafstörungen qualifiziert. Dieser Umstand wiederum berechtigt dazu, sich heute erneut mit dieser Stoffgruppe auseinanderzusetzen, zumal auch ständig neue Erkenntnisse das Thema aktuell erhalten.
Beginnen wollen wir das Symposium aber mit einem mehr epidemiologischen Überblick sowie einem Hinweis auf eine spezielle Form der Schlafstörungen, bei der Benzodiazepine eher kontraindiziert sind. Letzteres sind die Apnoe-

probleme etlicher Schläfer, die nachts durchschlafen, am Morgen aber völlig unerholt sind und am Tage fortlaufend einem imperativen Schlafdruck unterliegen. Diesen Beitrag wünschten wir uns, weil das Problem der Apnoe ein Beispiel dafür ist, wie differenziert der ganze Bereich der Schlafstörungen anzugehen ist.

Nach diesen beiden Vorträgen wollen wir uns aber ganz den Benzodiazepinen widmen, von denen heute nicht nur Agonisten bekannt sind, sondern neben Antagonisten auch sogenannte Partialagonisten. Neben die Kinetik als entscheidende Größe für die unterschiedlichen Charakteristika der einzelnen Benzodiazepine scheint demnach mehr und mehr auch eine pharmakodynamische Differenzierung treten zu müssen. In dieser Hinsicht sind etliche neue Daten bekannt geworden.

Die Wirkung der Benzodiazepine auf den Schlaf ist natürlich sehr eindrucksvoll durch polygraphische Ganznachtschlafableitungen zu demonstrieren. Heute wollen wir uns aber mehr mit den psychometrischen Meßmethoden befassen, die eine hervorragende Charakterisierung einzelner Substanzen dieser Klasse erlauben und sehr brauchbare Kriterien für die Auswahl eines Schlafmittels abgeben.

Unbestritten wird die Diskussion über Schlafstörungen und ihre möglichst optimale Behandlung hoch aktuell bleiben. Daß die Benzodiazepine als Hypnotika in vorderster Reihe stehen, beruht auf der hohen Akzeptanz dieser Stoffgruppe durch die Patienten. Die hohe Inzidenz von Schlafstörungen und ihre gesellschaftliche, arbeitspolitische Bedeutung erlaubt es unseres Erachtens nicht, Hypnotika auf eine sogenannte Negativliste zu setzen. Das wäre auch psychologisch eine törichte Entscheidung. Hoffen wir, daß es genug verantwortliche Politiker für diese Frage gibt, die selbst erfahren konnten, wie lebensbeeinträchtigend Schlafstörungen sein können.

Schlafstörungen: Häufigkeit — Ursachen — medikamentöse Behandlung

E. Rüther, A. Engfer

Innerhalb der letzten zwanzig Jahre hat die Schlafforschung einen großen Aufschwung erfahren. Dies ist mit ein Verdienst der in diesem Zeitraum neu entstandenen Schlafambulanzen. Die Tätigkeit dieser Ambulanzen hat entscheidend dazu beigetragen, den Schlaf und seine Störungen sowie deren Behandlung vermehrt zu einem interdisziplinären Thema zu machen.

Die tiefgreifende Umstrukturierung der Arbeitswelt durch die Mikroelektronik und die dadurch bewirkte zunehmende Zusammenarbeit zwischen Mensch und Maschine beinhalten die Gefahr einer zunehmenden Isolierung eines Großteils der arbeitenden Bevölkerung an ihrem Arbeitsplatz. Die hierdurch bedingte Verringerung der sozialen Kontaktmöglichkeiten kann zu erhöhtem Streß und zu vermehrten Gesundheitsproblemen führen. Unser hochspezialisiertes, arbeitsteiliges Berufsleben setzt ein störungsfreies Zusammenwirken voraus und gestattet keine körperlichen und geistigen Beeinträchtigungen der seelischen Toleranz gegenüber psychischen Belastungen wie Ärger, Schmerz und Angst. Fehlleistungen oder Fehlhandlungen können heute schwerwiegende und langfristige Folgen nicht nur für den einzelnen, sondern auch für die Allgemeinheit nach sich ziehen. Ein ungestörter Schlafablauf bzw. eine möglichst gering beeinträchtigende Therapie sind daher besonders wichtig.

Da Nichtberufstätigkeit einen Einfluß auf die Häufigkeit von Schlafstörungen hat, wird in der nahen Zukunft die von manchen Fachleuten vorhergesagte Zunahme an Nichtberufstätigen ebenso wie die Veränderung der Altersstruktur (d. h. eine zunehmende Überalterung) unserer Bevölkerung die Zahl der Schlafgestörten vergrößern. Ferner stellt das wachsende Patientenbewußtsein immer höhere Anforderungen an diagnostische und therapeutische Maßnahmen seitens des Arztes und wird Kunstfehler immer weniger zulassen.

Alle diese zu erwartenden Entwicklungen erfordern ärztlicherseits, der Diagnose und Therapie von Schlafstörungen einen höheren Stellenwert als bisher beizumessen; vom Patienten erfordert dies eine konsequente Befolgung der schlafpädagogischen und schlafhygienischen Maßnahmen. Um diese Ziele verwirklichen zu können, wäre eine bundesweite Erweiterung der Anzahl der Schlafambulanzen auf 50 bis 60 Zentren wünschenswert.

Häufigkeit von Schlafstörungen

Die Häufigkeit von Schlafstörungen und deren soziodemographische Differenzierung wurde für die Bundesrepublik Deutschland (einschließlich Berlin-West) durch eine über einen Zeitraum von 25 Jahren (1958—1983) mehrmals wiederholte Umfrage des Allensbacher Instituts ermittelt (11). Der unter Schlafstörungen leidende Bevölkerungsanteil blieb über den untersuchten Zeitraum nahezu gleich. Am häufigsten sind Ein- und Durchschlafstörungen. Auf die Frage „Schlafen Sie meistens leicht oder schwer ein?" antworteten 52 % mit „leicht", 31 % mit „es geht" und 17 % mit „schwer". Für etwa 20 % stellte das Nichtdurchschlafenkönnen ein ernstes Problem dar. Insgesamt klagen Frauen häufiger über schwere Schlafstörungen als Männer (21 bzw. 13 %). Bei den über 45jährigen treten schwere Schlafstörungen zwei- bis viermal häufiger auf als bei den jüngeren Altersgruppen. Auch hier ist das Schlafproblem vor allem bei den Frauen sehr ausgeprägt.
In der Altersgruppe von 45 — 59 Jahren gaben 15 % der Männer, aber 22 % der Frauen schwere Schlafstörungen an. Bei der Altersgruppe der 60jährigen und älteren klagten 25 % der Männer und 40 % der Frauen über schwere Schlafstörungen.
Neben dem Alter übt auch die Berufstätigkeit bzw. Nichtberufstätigkeit einen Einfluß auf die Häufigkeit von Schlafstörungen aus. Bei nichtberufstätigen Männern und Frauen sind schwere Schlafstörungen sehr viel häufiger als bei berufstätigen. Dieser Unterschied ist bei den Männern in allen Altersgruppen vorhanden, bei den Frauen wird er nicht so deutlich. Der Grund mag darin liegen, daß die Tätigkeit im Haushalt das Gefühl der Nutzlosigkeit nicht so stark aufkommen läßt, wie es arbeitslose Männer entwickeln. Was den Schlaf-

Tab. 1: Epidemiologische Fragebogenuntersuchung (Texas)

Fragen		Gelegentlich %	Immer %
Einschlafstörungen	♂	25.3	6.0
	♀	37.9	11.2
Durchschlafstörungen	♂	39.5	12.9
	♀	52.8	17.4
Frühes Erwachen	♂	19.0	6.2
	♀	22.8	8.0
Schlafmittel	♂	7.1	3.3
	♀	10.8	4.0

mittelgebrauch anbelangt, so ergab die Allensbacher Umfrage den folgenden Sachverhalt:
Ungefähr ein Zehntel der Bevölkerung über 16 Jahre, davon doppelt so viele Frauen wie Männer, nehmen rezeptpflichtige Schlaf- und Beruhigungsmittel (z. B. Benzodiazepine) ein. Zu ähnlichen Ergebnissen kam eine epidemiologische Fragebogenuntersuchung, die in Texas (USA) durchgeführt wurde (Tab. 1).

Einteilung der Schlafstörungen

Schlafstörungen gehören mittlerweile zu den am häufigsten genannten Befindlichkeitsstörungen. Nach dem gegenwärtigen Wissensstand teilt man die Schlafpathologie in die vier folgenden Hauptgruppen ein:
1. Hyposomnien (Insomnie),
2. Hypersomnien,
3. Störungen des Schlaf-Wach-Rhythmus (chronobiologische Störungen),
4. Parasomnien, Dyssomnien.
Unter *Hyposomnie* (Insomnie) werden die Ein- und Durchschlafstörungen zusammengefaßt, die zu einer Verkürzung der Gesamtschlafzeit führen. Sie machen den Großteil aller Schlafstörungen aus.
Die *Hypersomnien* zeichnen sich im wesentlichen durch eine gesteigerte Schläfrigkeit während des Tages aus. Für beide Gruppen finden sich weitgehend gleiche äthiologische Zuordnungen.
Zu den *chronobiologischen Schlafstörungen* zählen solche, die z. B. bei häufigem Schichtwechsel oder nach Interkontinentalflügen und den damit verbundenen Zeitverschiebungen auftreten können.
Unter *Parasomnien* und *Dyssomnien* faßt man anfallsartige, episodische Erscheinungen zusammen wie Somnambulismus (Schlafwandeln), Pavor nocturnus (nächtliche Panikzustände), Enuresis nocturna (nächtliches Einnässen) und auch andere Dysfunktionen (Alpträume, Bruxismus [Zähneknirschen]), die eine geringere Inzidenz besitzen.
Die äthiologische Zuordnung der Schlafstörungen gliedert sich in:
1. exogene,
2. organische,
3. psychotische,
4. pharmakogene und
5. idiopatische oder primäre bzw. psychophysiologische Ursachen.
Zu den *exogenen*, situativen, d. h. umweltbedingten Ursachen zählen Lärmbelästigungen, meteorologische und klimatische Einflüsse, Beschaffenheit des

Bettes, zu warme, zu kalte oder zu helle Schlafräume, Schnarchen des Partners und unregelmäßige Schlafzeiten (z. B. Schichtarbeit).

Psychotische Ursachen sind die endogene Depression, die Manie, die Schizophrenie und andere Psychosen.

Die *pharmakogene* Insomnie wird vor allem durch Pharmaka verursacht, bei denen die Stimulation entweder eine Begleitwirkung ist (z. B. bestimmte Antidepressiva) oder die Hauptwirkung wie bei Kaffee, Tee oder Coca Cola. Hierzu zählt auch die Stimulation als paradoxe Reaktion auf Sedativa, Analgetika und Alkohol. Von Bedeutung ist noch die Absetzinsomnie (Rebound-Insomnie), die insbesondere nach abruptem oder zu schnellem Beenden der Therapie auftritt.

Pharmakogene Schlafstörungen wurden auch nach Einnahme von Thyrostatika, Kortisonpräparaten, Alpha-Methyldopa und Beta-Blockern beschrieben.

Dann gibt es aber noch eine große Gruppe von Schlafstörungen, für die sich keine Ursachen finden lassen. Diese wird mit dem Begriff idiopatische, primäre oder *psycho-physiologische Hyposomnie* beschrieben.

Tab. 2 zeigt die Diagnosen von Schlafstörungen, die in der Münchener Schlafambulanz in den Jahren 1981 bis 1984 bei 478 Patienten gestellt wurden. Bei den meisten Patienten bestand die Schlafstörung länger als zwei Jahre. Bei 2 % der Patienten lag eine exogene Ursache vor wie Schnarchen des Partners oder ein überheiztes Schlafzimmer, bei 3,5 % ließen sich psychotische Erkrankungen ermitteln. 4,5 % waren Narkoleptiker, 10 % litten unter organischen Erkrankungen, wobei Herzinsuffizienz, chronische Schmerzzustände im Rahmen rheumatischer Erkrankungen oder HWS-Syndrome überwogen. 12 % der Patienten zeigten deutliche Symptome einer Medikamenten- oder Alkoholabhängigkeit.

Bei 13 % ließen sich eine Schlafapnoe, Parasomnien wie Pavor nocturnus,

Tab. 2: Diagnosen von Schlafstörungen in der Münchner Schlafambulanz (1981—1984)

2 %	Exogen
3,5 %	Psychotisch
4,5 %	Narkolepsie
10 %	Organisch
12 %	Medikamenten- und Alkoholabhängigkeit
13 %	Andere Diagnosen (Apnoe, Parasomnien etc.)
16 %	Ungesicherte Diagnosen
39 %	Psychophysiologisch

Tab. 3: Chronische Hyposomnie

Beschwerdebild:
Unregelmäßiges Schlafverhalten Ängstliche Einstellung gegenüber Schlaf Gesteigerte kognitive Aktivität — Sensorische Deprivation — Nachdenken und Grübeln

Nykturie, Bruxismus und anderes feststellen. 16 % konnten nicht sicher eingeordnet werden, und bei einem Großteil der Patienten (39 %) war die Schlafstörung als psychophysiologisch bzw. idiopatisch aufzufassen.

In der Regel erlebt jeder Mensch Situationen, die zumindest zeitweilig eine Störung seines Nachtschlafes bedingen. Definitionsgemäß sind vorübergehende Schlafstörungen auf eine Dauer von drei Wochen beschränkt. Diese Festlegung wird da problematisch, wo Schlafstörungen aufgrund äußerer oder innerer Faktoren (Lärm, Partnerkonflikt, Examensstreß) länger als drei Wochen anhalten können, jedoch nach Wegfallen dieser Faktoren verschwinden.

Als *chronisch* kann eine Schlafstörung bezeichnet werden, wenn sie trotz Wegfall der Störfaktoren weiterbesteht oder wenn „Dauer und Ausmaß der Schlafstörungen in keinem angemessenen Verhältnis zum Anlaß mehr stehen" (3). In diesen Fällen ist die Hyposomnie zur eigenständigen Krankheit geworden und sollte unter bestimmten Voraussetzungen auch medikamentös behandelt werden (s.u.). Das typische Beschwerdebild chronisch schlafgestörter Patienten ist in Tab. 3 wiedergegeben.

Patienten mit schwerer chronischer Insomnie zeigen im EEG eine Störung des zyklischen Ablaufs des Schlafes, d. h. es ist keine oder kaum eine periodische Abfolge von Non-REM und REM-Episoden zu erkennen.

Neben den schlafpolygraphischen Veränderungen finden sich bei chronisch Schlafgestörten auch endokrinologische Veränderungen, die auch ein Beleg dafür sein könnten, weshalb der Schlaf subjektiv als nicht erholsam erlebt wird. ADAM et al. (1) fanden bei schlechten Schläfern eine erhöhte Körpertemperatur und eine erhöhte Sekretion der katabolen Hormone Adrenalin und Kortisol.

Eine eigene Untersuchung (12, 13) an chronisch Schlafgestörten ergab, daß die mit dem Schlaf verbundenen Hormone Prolaktin und das Wachstumshormon im Tagesverlauf gestört sind, nicht aber die mehr vom Schlaf unabhängigen Kortisonausscheidungen und die Körpertemperatur (Tab. 4). Zur endgültigen Klärung der Bedeutung dieser endokrinologischen Veränderungen während des Schlafes sind weitere Untersuchungen, insbesondere an nichtschlafgestörten Kontrollpersonen, notwendig.

Eine weitere Differenzierung der chronischen Hyposomnie ist in Zeitisolationseinheiten möglich. Bei chronisch Schlafgestörten besteht ein Mißverhältnis zwischen dem Schlafbedürfnis und dem Schlafvermögen. Diese Diskrepanz müßte sich unter den zeitgeberfreien Bedingungen entweder ganz deutlich darstellen oder gar nicht auftreten. Nach den bisher vorliegenden Ergebnissen kommt diese Diskrepanz deutlich zum Vorschein. Obwohl einige der Versuchspersonen angaben, daß sie unter den zeitgeberfreien Bedingungen besser geschlafen haben als zu Hause, blieb der polygraphisch gemessene Schlaf weiterhin gestört (9, 10). Abb. 1 zeigt dies für einen 38jährigen Patienten, wobei die schwarzen Balken die Wachzeit und die weißen Balken die Schlafzeit angeben.

Zur Diagnose der *Schlafapnoe*, des nächtlichen *Myoklonus*, des *„Restlesslegs"-Syndroms* und der *Narkolepsie* ist eine polygraphische Aufzeichnung des Nachtschlafes unerläßlich. Eine idiopathische Hypersomnie und eine mit der Schlafapnoe oft einhergehende Hypersomnolenz können häufig nur mit einer polygraphischen Abteilung von der Narkolepsie unterschieden werden. Das Schlafprofil vieler Narkoleptiker ist gekennzeichnet durch das gehäufte Auftreten von REM-Perioden gleich nach dem Einschlafen (Sleep-onset-REM-periods).

Therapie der Schlafstörungen

Bei der Behandlung von Schlafstörungen, der akuten wie der chronischen, ist ein abgestuftes Vorgehen sinnvoll. Nach der sorgfältig erhobenen Anamnese, die eine Abfrage nach bisherigem Schlafverhalten, Schlafgewohnheiten und

Tab. 4: Schlaf, Temperatur und neuroendokrine Rhythmen bei chronischer Hyposomnie

Verändert:	Tiefschlaf ↓	Wachphasen ↑
HGH:	Kein nächtlicher Tiefschlaf-Peak, Maximalpeaks am Tage	
PRL:	Kein bzw. stark vermindertes nächtliches Ansteigen der Sekretion	
Normal:	Kortisol Innere Temperatur	

Abb. 1: Chronische Hyposomnie (Psychophys.)

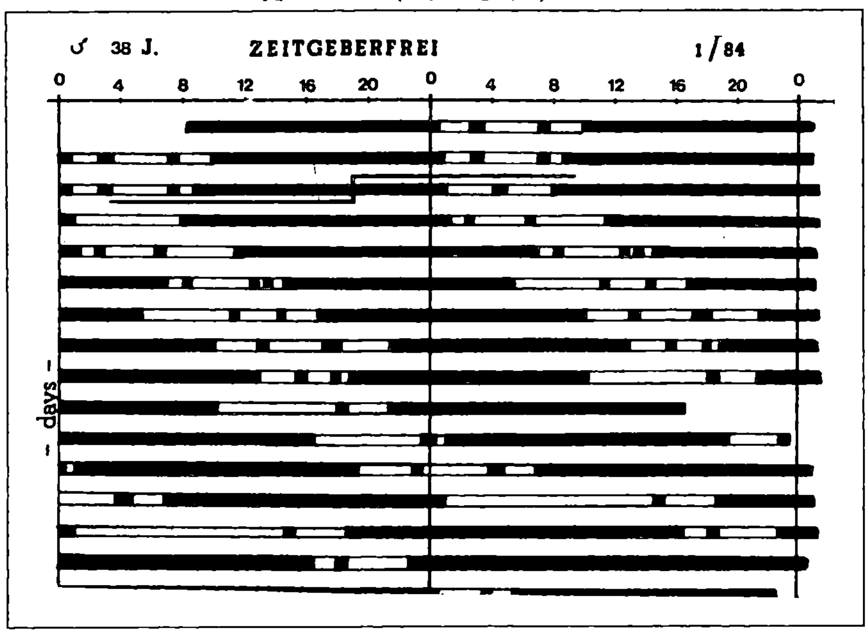

medikamentösen Behandlungen (insbesondere Schlafmitteleinnahme) umfaßt, erfolgt die differentialdiagnostische Abklärung der Schlafstörung. Auf beiden basiert die praktische Behandlung. Grundsätzlich stehen zwei therapeutische Möglichkeiten zur Verfügung, die entweder einzeln oder kombiniert angewendet werden können. Es sind dies:

1. eine nichtmedikamentöse und
2. eine medikamentöse Therapie.

Grundsätzlich sollte vor jeder Behandlung, sei sie nun medikamentös oder nichtmedikamentös, eine schlafpädagogische Beratung stattfinden. Der Patient sollte über wesentliche Erkenntnisse der Schlafphysiologie und Schlaf-

Tab. 5: Schlafhygiene

Psychische Bedingungen:
Regelhafte Schlaf-Wach-Zeiten
Abendrituale
Schriftliche Festlegung von Problemen — Abschluß — Lösung

hygiene aufgeklärt werden. Tab. 5 zeigt die wichtigsten schlafhygienischen Maßnahmen.

Zur *nichtmedikamentösen Therapie* zählen verhaltenstherapeutische Maßnahmen (Stimuluskontrolle, paradoxe Intension), chronotherapeutische Verfahren bei Vorliegen eines verzögerten oder verfrühten Schlafphasensyndroms und Verfahren zur Entspannung (autogenes Training, progressive Muskelentspannung nach JACOBSON, Biofeedback-Verfahren).

Zu den *medikamentösen Therapiemöglichkeiten* gehört die Anwendung von Pharmaka zur Behandlung der zugrundeliegenden organischen und/oder psychischen Grunderkrankung und die Anwendung der pflanzlichen und chemisch definierten Hypnotika/Sedativa bei den idiopathischen Schlafstörungen.

Eine medikamentöse Behandlung der Schlafstörungen (Hyposomnien) mit Hypnotika ist unter folgenden Bedingungen angezeigt (8):

1. zur Entlastung des Patienten bei akuten, reaktiven oder situativen Schlafstörungen (z. B. vor und nach Operationen, Verlust eines Angehörigen);
2. bei chronischen, nicht vorbehandelten Schlafstörungen, um den Circulus vitiosus zu durchbrechen, der aus Angst vor dem Nichtschlafenkönnen eine erhöhte Erregungsbereitschaft und damit wieder eine Schlaflosigkeit mit erhöhter Müdigkeit am Tag erzeugt;
3. zur Unterstützung anderer Therapien bei der Behandlung organischer und psychischer Erkrankungen;
4. bei chronisch vorbehandelten Schlafstörungen mit besonderer Vorsicht.

Für die unter 1.—3. genannten Indikationen sind die Benzodiazepine am besten geeignet. Die Auswahl eines bestimmten Benzodiazepins sollte anhand syndrombezogener Kriterien erfolgen, etwa ob eine Ein- und Durchschlafstörung oder vorzeitiges Erwachen im Vordergrund stehen, und anhand substanzbezogener Kriterien (Strukturunterschiede, Unterschiede in der Pharmakokinetik und Pharmakodynamik).

Unterschiede in der Struktur bestimmen:

1. die Rezeptoraffinität und damit die therapeutische Dosis,
2. die Lipophilie und damit die pharmakokinetischen Parameter sowie
3. den Metabolismus, d. h. ob die Substanz direkt glukuronidiert oder über aktive Metabolite ausgeschieden wird.

Unterschiede in der Pharmakokinetik werden durch die Kenngrößen „Absorptions-", „Verteilungs-" und „Eliminationsgeschwindigkeit" charakterisiert.

Pharmakodynamische Unterschiede zeigen sich in einer unterschiedlichen Beeinflussung von EEG-Parametern (z. B. K-Komplexe, Schlafspindeln, schnelle Augenbewegungen), in einer unterschiedlichen Ausprägung von Überhangeffekten (Tagessedation, Beeinträchtigung psychomotorischer Lei-

16

stungen, Wechselwirkungen mit Alkohol), in unterschiedlichen amnestischen Wirkungen und möglicherweise in einer unterschiedlichen Toleranzentwicklung (5).

Die Benzodiazepine werden in der Regel anhand ihrer Eliminationsgeschwindigkeiten in langwirksame, mittellangwirksame und ultrakurzwirksame Substanzen eingeteilt (Tab. 6) (4).

Eine Reihe von Benzodiazepinen bildet aktive Metabolite. Bei diesen Substanzen ist die Kinetik altersabhängig. Zusätzlich wird sie durch Leberfunktionsstörungen und durch eine Interaktion mit anderen Pharmaka, z. B. Cimetidin, verändert.

Die *sehr kurz wirksamen Benzodiazepine* haben den Vorteil, kaum Überhangeffekte am nächsten Tag zu verursachen. Dem steht der Nachteil der Rebound-(Entzugs-)Symptome gegenüber (6). Die Absetzphänomene können schon am Morgen nach der abendlichen Einnahme als zu frühes morgendliches Erwachen (early morning insomnia) den Schlaf beeinträchtigen (7). Bezüglich der bereits tagsüber auftretenden Angstsymptome vgl. den Beitrag von OSWALD in diesem Buch. Die ultrakurzwirksamen Benzodiazepine sind indiziert, wenn Einschlafstörungen im Vordergrund stehen.

Bei *langwirksamen Benzodiazepinen* besteht die Gefahr der Kumulation. Sie führen häufig zu Müdigkeit, Konzentrationsstörungen und zum Nachlassen des Reaktionsvermögens am folgenden Tag. Langwirksame Substanzen sind dann indiziert, wenn schlafgestörte Patienten auch tagsüber ängstlich sind und aus diesem Grund eine ausgeprägte Anxiolyse tagsüber erwünscht ist.

Benzodiazepine mit mittlerer terminaler Halbwertszeit, die ohne aktive Metabolite verstoffwechselt werden (z. B. die 3-Hydroxybenzodiazepine), haben eine stabile Pharmakokinetik, das Nutzen/Risiko-Verhältnis bleibt überschaubar.

Sie haben eine genügend lange sedativ hypnotische Wirkung und kumulieren bei mehrmaliger Verabreichung weniger als Benzodiazepine mit langer Halbwertzeit. Eine Rebound-Symptomatik mit Angstzuständen am nächsten Tag wurde nicht beobachtet und überdauernde Hangover-Wirkungen im Sinne einer unerwünschten Sedierung sind gering (2).

Sollen Benzodiazepinhypnotika für eine Langzeitbehandlung von Schlafstörungen verwendet werden, so sollten die in Tab. 7 aufgeführten Indikationen unbedingt berücksichtigt werden.

Mögliche medikamentöse Alternativen zu den Benzodiazepinen sind in Tab. 8 aufgeführt.

Sedierende Antihistaminika, sedierende Neuroleptika und sedierende Antidepressiva haben alle ihre eigenen unerwünschten Wirkungen. Sie beeinflussen zum Teil die Schlafarchitektur stark und zeigen bei chronischer Ein-

Tab. 6: Einteilung von Benzodiazepinen aufgrund pharmakokinetischer Eigenschaften (modifiziert nach GREENBLATT et al., 1981)

I. Benzodiazepine mit langer terminaler HWZ und langwirksamen aktiven Metaboliten

Diazepam	(20—40 h)	Desmethyldiazepam	(36—200 h)
Chlordiazepoxid	(5—30 h)	u.a. Desmethyldiazepam	(36—200 h)
Clorazepat*	—	Desmethyldiazepam	(36—200 h)
Prazepam*	—	Desmethyldiazepam	(36—200 h)
Medazepam*	—	u.a. Diazepam	(20— 40 h)
Flurazepam*	—	Desalkylflurazepam	(40—250 h)
Clobazam	(12—60 h)	Desmethylclobazam	?

II. Benzodiazepine mit mittlerer bis kurzer terminaler HWZ und mit aktiven Metaboliten

Flunitrazepam	(ca. 15 h)	7-Amino-Derivat	(25 h)
Estazolam	(10—30 h)	hydroxylierter Metabolit	?
Bromazepam	(10—20 h)	3-Hydroxybromazepam	?

III. Benzodiazepine mit mittlerer bis kurzer terminaler HWZ, ohne aktive Metaboliten

Nitrazepam	(15—38 h)	—
Lorazepam	(10—20 h)	—
Temazepam	(8—14 h)	—
Lormetazepam	(8—14 h)	—
Oxazepam	(4—15 h)	—

IV. Benzodiazepine mit ultrakurzer HWZ und aktiven Metaboliten

Brotizolam	(4—9 h)	4-Hydroxy-Brotizolam	(4—9 h)
		α-Hydroxy-Brotizolam	(4—9 h)
Triazolam	(2—5 h)	4-Hydroxy-Triazolam	(2—5 h)
		α-Hydroxy-Triazolam	(2—5 h)
Midazolam	(2—4 h)	α-Hydroxy-Midazolam	(1 h)
		4-Hydroxy-Midazolam	

* Substanz trägt selbst nicht oder kaum zur Wirkung bei und kann als „Prodrug" betrachtet werden.

Tab. 7: Benzodiazepine als Schlafmittel

Indikation für Langzeitbehandlung:

Hyposomnie länger als ein Jahr
Primär gestörtes Schlafprofil
Keine Toleranzentwicklung
Keine Dosissteigerung
Bei Absetzen: Schlafstörung nach Rebound Insomnie

nahme einen Wirkungsverlust. Sie sind aber bei jenen Patienten zu erwägen, bei denen eine Abhängigkeitsgefahr vermutet werden kann, ein mehrfacher Versuch mit Benzodiazepinen vorausgegangen ist oder sonstige Kontraindikationen bestehen. Über die Wirkungen dieser Stoffklassen bei chronischen Schlafstörungen ist bisher sehr wenig bekannt, so daß sie kaum als einzig verwendbare Schlafmittel für die Praxis empfohlen werden können. Vor allem bei der Applikation von Neuroleptika in niedriger Dosierung bzw. den sogenannten niederpotenten Neuroleptika ist die nicht zu verharmlosende Gefahr einer Spätdyskinesie zu berücksichtigen. Bei den Antidepressiva, vor allem bei den trizyklischen, müssen die vegetativen Nebenwirkungen beachtet werden. Chloralhydrat als Alternative ist meist zu schwach und zu kurz wirksam. Barbiturate als Neuverschreibung sollten eine große Ausnahme sein. Patienten mit langer, unter Umständen mehrere Jahre dauernder Einnahme einer geringen, noch wirksamen Dosis sollten die Barbiturate weiter erhalten.

Obwohl auch die Benzodiazepine keine idealen Schlafmittel sind, bleiben sie trotz einiger offener Fragen im Vergleich zu den anderen Substanzklassen doch eindeutig die Mittel der Wahl. Nicht zu verharmlosende Risiken bei der Verwendung von Benzodiazepinen liegen in der Toleranzentwicklung und in der gelegentlichen Ausbildung physischer und psychischer Abhängigkeit, insbesondere nach längerfristiger Anwendung in höherer Dosierung. Bei Beachtung und Einhaltung der Anwendungsempfehlungen sind diese Risiken gut beherrschbar.

Die medikamentöse Therapie von Schlafstörungen (Hyposomnien) hat unter besonderer Einbeziehung der Benzodiazepine einen wissenschaftlich gerecht-

Tab. 8: Schlafmittelalternativen zu Benzodiazepinen

| Sedierende | Beispiele | | Dosierung |
	Generic	Markenname	mg
Antihistaminika	Doxylamin	Gittalun	25— 50
	Promethazin	Atosil	25— 50
Antidepressiva	Amitriptylin	Saroten (ret.) Laroxyl	25— 75
	Doxepin	Aponal, Sinquan	25— 75
	Trimipramin	Stangyl	25— 75
	Mianserin	Tolvin	30— 60
Neuroleptika	Laevomepromazin	Neurocil	25—100
	Thioridazin	Melleril	30—100

fertigten Stellenwert im Gesamtbehandlungsplan der Schlafstörungen. Sie erfordert große Geduld, intensive Beschäftigung mit dem Patienten und vorsichtigen Umgang mit dem Medikament. Ziel der Therapie ist der erholsame Schlaf und eine ungestörte Aktivität am Tage.

Literatur

1 ADAM K. Are poor sleepers changed into good sleepers by hypnotic drugs? In: Hindmarch I, Ott H, Roth T (Hrsg). Sleep, Benzodiazepines and Performances. Springer Verlag: Berlin-Heidelberg 1984: 44—53.

2 BENKERT O, HIPPIUS H. Psychiatrische Pharmakotherapie. Springer Verlag: Berlin-Heidelberg-New York 1986.

3 FINKE J, SCHULTE W. Schlafstörungen, Ursachen und Behandlung. Thieme Verlag: Stuttgart 1970.

4 GREENBLATT DJ, SHADER RI, DIVOLL M, HARMATZ JS. Benzodiazepines: a summery of pharmacokinetic properties. Br J Clin Pharmacol 1981, 11:11—16.

5 HAEFLY W. Biological basis of drug-induced tolerance, rebound and dependence. Contribution of recent research on benzodiazepines. Pharmacopsychiat 1986, 19:353—361.

6 KALES A, KALES JD. Sleep labroratory studies of hypnotic drug: efficacy and withdrawal effects. J Clin Pharmacol 1983, 3:140—150.

7 KALES A, SOLDATOS CR, BIXLER EO, KALES JD. Early morning insomnia with rapidly eliminated benzodiazepines. Science 1983, 220:95—97.

8 LUND R, RÜTHER E. Medikamentöse Behandlung von Schlafstörungen. Internist 1984, 25:543—546.

9 LUND R, RÜTHER E. In: Faust V (Hrsg). Schlafstörungen: Häufigkeit — Ursachen — Schlafmittel — nichtmedikamentöse Schlafhilfen. Hippokrates Verlag: Stuttgart 1985: 76—83.

10 LUND R, RÜTHER E, WEVER R. Untersuchungen an schlafgestörten Patienten und gesunden Kontrollpersonen unter zeitgeberfreien Bedingungen. In: Hippius H, Rüther E, Schmauß M (Hrsg). Schlaf-Wach-Funktionen. Springer-Verlag: Berlin-Heidelberg-New York 1988: 11—25.

11 PIEL E. Schlafschwierigkeiten und soziale Persönlichkeit. In: Faust V (Hrsg). Schlafstörungen: Häufigkeit — Ursachen — Schlafmittel — nichtmedikamentöse Schlafhilfen. Hippokrates Verlag: Stuttgart 1985: 14—16.

12 RÜTHER E. Benzodiazepine zur Behandlung von Schlafstörungen. In: Hippius H, Engel RR, Lackmann G (Hrsg). Benzodiazepine, Rückblick und Ausblick. Springer Verlag: Berlin-Heidelberg-New York 1986: 101—107.

13 RÜTHER E, LUND R, GRUBER A. Chronic Insomnia in a Psychiatric Outpatient Clinic. In: Koella WP, Rüther E, Schulz H (Hrsg). Sleep '84. Gustav Fischer Verlag: Stuttgart-New York 1985: 53—55.

Diskussion Rüther

Vorsitzender:
Vielen Dank, Herr Rüther, für diese reichhaltigen klinischen Bemerkungen.
Ich darf um Wortmeldungen bitten.

Frage:
Mich interessiert noch einmal etwas genauer die Überlegung, wann und wie
lange Benzodiazepine indiziert sind. Sie sagten, zwei Tabletten sollten nicht
überschritten werden, aber das sind ja keine Dosierungsangaben.
Und dann interessiert mich noch die Dauer der Einnahme: Was würden Sie bei
chronischen Schlafstörungen für legitim halten?

Rüther:
Diese Angaben in Tabletten gelten natürlich für das Gespräch mit dem Patienten. Die meisten Firmen haben ja in einer Tablette die gewissermaßen empfoh-
lene „optimale" Dosierung. Und die ist die Grundlage für die Unterrichtung
des Patienten. Wenn aber nun vom Patienten die zweifache oder dreifache
Dosis angestrebt wird, dann muß daran gedacht werden, daß der Patient auf
eine „Drogenkarriere" zusteuert.
Damit hängt gewissermaßen die zweite Frage zusammen, wie lange man nämlich ein Benzodiazepin verabreichen kann. Bei manchen Patienten treten relativ schnell Toleranzbildungen ein, womit man dann bei einer Dosissteigerung
ist. Man darf aber nicht übersehen, daß es etliche Patienten gibt, die zehn, 15
Jahre lang mit einer Substanz und der gleichen Dosierung gut zurechtkommen.
Wenn wir bei diesen das Präparat über längere Zeit absetzen, tritt natürlich die
Schlafstörung verstärkt auf. Dennoch haben wir immer wieder versucht, solche
Schlafmittel abzusetzen. Das gelingt am problemlosesten, wenn man über
jeweils fünf Tage in Schritten von 25 % die Dosis reduziert. Man kann so
wesentliche Beschwerden durch Entzugswirkungen vermeiden. Das ist jedoch
nicht die Regel, denn es gibt auch Patienten, die so eindeutig schlafgestört sind,
daß sie über Jahrzehnte hin Schlafmittel benötigen.

Frage:
Herr Professor Rüther, ich habe mit Interesse festgestellt, daß Sie vorsichtig
darauf hinweisen, daß man unter Umständen gezwungen ist, über zwei, drei
Jahre hin ein Benzodiazepin zu verordnen. Wie Sie aber wissen, wird in der
Öffentlichkeit Stimmung gegen die Verordnung von Schlafmitteln gemacht,
der wir niedergelassenen Ärzte besonders ausgesetzt sind. Für uns steht aber
die Lebensqualität der Patienten im Vordergrund, und wenn ein Patient 60, 70

oder gar 80 Jahre alt ist und unter erheblichen Schlafstörungen leidet, so halten wir es doch für erforderlich, auch über längere Zeit hin, unter Umständen über viele Jahre, Benzodiazepine zu verordnen. Meine Frage an Sie: Welche Bedenken hätten Sie, bei älteren Leuten diese Verordnung zu treffen, welche Bedenken hätten Sie im Hinblick auf gesundheitliche Störungen oder Nebenwirkungen, auf die wir besonders achten müssen?

Rüther:

Das Problem der höheren Dosierung liegt — bei jüngeren wie bei älteren Patienten — darin, daß man einerseits eine Suchtkarriere auslösen kann und andererseits unerwünschte Nebenwirkungen induzieren kann wie depressive Zustände, Interessenverlust, ja fast Wesensveränderungen. Mit dem zunehmenden Alter treten die zusätzlichen Probleme „Muskelrelaxation" und „Atemdepression" auf. So verstärken Benzodiazepine die Schlafapnoe, die im Alter sowieso eine größere Rolle spielt. Die muskelrelaxierende Wirkung kann vor allem am Tage störend werden, wenn die mangelnde Beherrschung der Muskeltätigkeit dazu führt, daß die etwas verwirrten Patienten aus dem Bett fallen oder andere sich beim Gehen plötzlich irgend etwas brechen. Außerdem ist zu beachten, daß mit zunehmendem Alter aus metabolischen Gründen die Dosierungen zunehmend verringert werden müssen. Bei Beachtung aller dieser Fakten hätte ich nun aber andererseits Bedenken, bei jemanden ein Benzodiazepin abzusetzen, der ohne Komplikationen seit zehn oder 15 Jahren eine Substanz verwendet hat und inzwischen vielleicht 75 Jahre alt geworden ist. Solch eine Maßnahme könnte wiederum schwere Delirien mit paranoiden Zuständen auslösen. Aber auch das wird heutzutage noch kontrovers diskutiert.

Frage:

Es war gerade von der Lebensqualität die Rede, die ohne Zweifel vermindert ist, wenn Schlafstörungen bestehen. Inwieweit muß man aber damit rechnen, daß mit *primären* Schlafstörungen, wenn sich also keine organischen Gründe erkennen lassen, eine Gefährdung der Gesundheit verbunden ist? Eine probate Praxis ist doch, die Patienten darauf zu verweisen, daß es eben nicht gefährdend ist, wenn ihm der Organismus einen guten Nachtschlaf verweigert. Wie würden Sie das kommentieren?

Rüther:

Zunächst einmal ist überhaupt nicht bewiesen, daß längerdauernde „genuine" Schlafstörungen nicht gesundheitsbeeinträchtigend seien. Man sagt das immer so. Dagegen ist es ein Problem für den Arzt, wenn Patienten über Schlaf-

störungen klagen, deren polygraphische Schlafprofile eine normale Schlafstruktur zeigen. Diese Patienten sollen zunächst einmal keine Medikation erhalten. Aber die, die polygraphisch nachweisbare Beeinträchtigungen des Schlafes zeigen und auch tagsüber meist Leistungseinbußen aufweisen, sind anders zu behandeln. Herr OSWALD drückte das so aus: Es sei wesentlich günstiger, wenigstens einen Teil der Nacht mit einem Benzodiazepin schlafend zu verbringen und den übrigen Teil wach, aber entspannt, als die ganze Nacht über ständig angespannt den Schlaf zu erwarten — möglicherweise bei erhöhtem Temperaturniveau — und dann am nächsten Tag völlig unerholt zu sein. Wie die Erholsamkeit durch den Schlaf entsteht, kann derzeit niemand belegen. Unsere Erfahrungen besagen jedoch, daß Patienten nicht erholt sind, wenn sie in der Nacht vorher schlecht geschlafen haben. Das ist die Regel.
Vielleicht darf ich zum Schluß noch bekannt geben, daß sich gerade eine Gesellschaft konstituiert hat, die „Arbeitsgemeinschaft klinischer Schlafzentren", die alle halbe Jahre über diese Probleme diskutiert. Inzwischen gibt es zwölf Zentren, die sich mit schlafgestörten Patienten beschäftigen und die über 36 Betten verfügen und polygraphische Ganznachtschlafableitungen durchführen können. Meiner Einschätzung nach brauchen wir aber in Deutschland wesentlich mehr solcher Zentren. Es besteht also noch ein merkliches Defizit.

Schlafbezogene Atmungsstörungen: Pathophysiologie, Klinik und Therapie

J. H. Peter, T. Penzel, P. v. Wichert

Zahlreiche wissenschaftliche Untersuchungen der letzten Jahre befassen sich mit den Aspekten der Physiologie, der Klinik und der Therapie von Störungen der Atmung beim Schlafenden (3, 4, 5, 9, 15, 17, 20, 21). Der Schlaf führt bei vielen Menschen zu Störungen der Atmung, und umgekehrt wirken Atmungsstörungen wieder auf den Schlaf zurück und bewirken nachhaltige Störungen der Schlaf-Wach-Regulation. Erste epidemiologische Studien zeigten, daß die wechselseitige Beeinflussung von Schlaf und Atmung in einem erheblichen Umfang zu gesundheitlichen Schäden führt. Heute wird an vielen Orten an der weiteren wissenschaftlichen Klärung dieser Phänomene der schlafbezogenen Atmungsstörungen und ihrer gesundheitlichen Folgen gearbeitet. Zahlreiche, für die Praxis relevante Erkenntnisse konnten bereits gewonnen werden.

Pathophysiologie

Beim Wachen kann die autonom geregelte Atmung auch heteronomen Einflüssen unterliegen, so z. B. bei Willkürbewegungen, beim Sprechen, Singen usw. Im Schlaf wird — auch beim Gesunden — die Atmung massiv beeinflußt. Schon 26 Jahre zurückliegende Untersuchungen (1) widerlegten die weit verbreitete, aber recht naive Annahme, bei „Abschaltung" der äußeren Reize im Schlaf könne die autonome Komponente der Atemregulation ohne Störeinflüsse besonders effektiv im Sinne des Homöostatenmodells funktionieren: So wächst z. B. die Schwelle für die Atemsteigerung auf einen definierten Erstickungsreiz (CO_2-Anstieg) im sogenannten paradoxen Schlaf um mehr als einen Faktor 5 gegenüber dem Wachzustand an. Ein Schlafentzug über nur 24 Stunden senkt schon signifikant das Antwortverhalten auf Sauerstoffabfall usw. (zur Übersicht 16). Vor allem während der Traumphasen kommt es auch beim Gesunden im Schlaf zu Perioden mit unzureichender Atmung, die zu signifikanten Veränderungen der Blutgase führen können. Sie dauern aber charakteristischerweise meist nur kurze Zeit an und kommen auch nicht regelmäßig vor. Die schlafbezogenen Atmungsstörungen hingegen treten in ihrer pathologischen Ausprägung bei den Betroffenen gesetzmäßig im Schlaf auf; die Störungen wiederholen sich Nacht für Nacht in Abhängigkeit vom Schlafverlauf. Interindividuell gibt es eine breite Variation für das Auftreten von Atmungsstörungen in einzelnen Schlafstadien, so daß sich an unterschiedlichen Patientenkollektiven gemachte Untersuchungen zur Koinzidenz von Atmungsstörung und Schlafstadium in ihren Ergebnissen sehr widersprechen. Auch intraindividuell sind die Zusammenhänge nur unter identischen Bedingungen reproduzierbar. Jede Veränderung des spontanen Schlafverhaltens beeinflußt auch das Auftreten der Atmungsstörungen, so z. B. Schlafentzug oder die Einnahme von Sedativa, Tranquilantien, relaxierenden Substanzen sowie Alkohol.

Während die dem sogenannten Homöostaten des einfachen Regelkreises entsprechende autonome Regulation der Atmung im Wachzustand durch heteronome Funktionen außer Kraft gesetzt werden kann, wird sie im Schlaf auf vielfältige andere Weise beeinflußt: Auf der afferenten Seite muß eine Vielzahl von afferenten Impulsen auf der Hirnstammebene integriert werden. Es sind dies neben den Impulsen aus den medullären Chemorezeptoren, die vor allem die PCO_2- und die PH-Konzentrationen betreffen, weitere retikuläre Afferenzen sowie über den neunten Hirnnerven geleitete Afferenzen aus arteriellen Chemorezeptoren für PO_2 vagale Afferenzen aus Dehnungsrezeptoren der Lunge sowie Rezeptoren aus der Schleimhaut der Luftwege, die über den N. laryngeus superior geleitet werden, und Afferenzen aus supraspinalen Reflexen. Die Integration all dieser Impulse geschieht nicht unabhängig vom Schlaf, sondern unter direkter Beeinflussung durch den aktuellen Grad der zentralnervösen Aktiviertheit, den man auch als Vigilanzniveau bezeichnet (6, 7).

Neben dieser Beeinflussung der Schwellen für die diversen afferenten Impulse und der Integrationsleistung bei der Bearbeitung dieser Impulse im sogenannten Atemzentrum auf der Hirnstammebene beeinflußt der Schlaf vor allem die efferenten Effektorstrukturen, d. h. in erster Linie die quergestreifte Atemmuskulatur. Um die Tragweite dieses Problems zu erfassen, ist es wichtig, sich zwei Grundtatsachen vor Augen zu halten: zum einen die direkte Beeinflußbarkeit der spinalen Motoneurone durch kortikale Einflüsse im Schlaf. Sie ist in erster Linie über die schlafabhängigen Veränderungen des Muskeltonus vermittelt, und es wird vermutet, daß sie sich derselben Bahnen bedient, über die auch die heteronome Beeinflussung der Atmung im Wachzustand abläuft (19). Die Atemmuskulatur gliedert sich — beim Liegenden in körperlicher Ruhe — funktionell in Anteile, die der aktiven Öffnung bzw. Offenhaltung der oberen Atemwege im Bereich des Oropharynx dienen und in solche, die der Pumpleistung bei der Atmung dienen; es sind dies vor allem die Zwerchfell- und untere Thoraxmuskulatur. Kommt es zu Koordinationsdefekten zwischen diesen beiden Muskelgruppen, so kann eine effektive Atmung nicht mehr oder nur unter unökonomisch hohem Aufwand zustandekommen: Eine partielle Obstruktion der Oropharynx führt zum Bild des sogenannten obstruktiven Schnarchens. Der komplette Verschluß des Oropharynx führt — bezogen auf die Leistung der respiratorischen Pumpe — zu völlig frustranen Atembewegungen; wir sprechen dann vom Muster der sogenannten obstruktiven Apnoe. Schnarchen kann auch ohne relevante Obstruktion des Oropharynx auftreten. Dieses sogenannte nichtobstruktive Schnarchen wird durch Wirbelbildungen und Schwingungen von Strukturen im Oropharynx verursacht und hat keine relevante Beeinträchtigung der Atmung zur Folge. Bei der Apnoe gibt es außer dem obstruktiven Muster auch das sogenannte zentrale Muster; es ist gekennzeichnet durch ein Fehlen des Atemantriebs in allen an der Atmung beteiligten Muskelstrukturen (10, 14).

Bei internistischen Patienten und in einer Felduntersuchung (13) wird in mehr als 95 % der Fälle die sogenannte gemischte Apnoe gefunden. Dieses Muster der Schlafapnoe beginnt typischerweise mit einem kurzen zentralen Anteil und setzt sich im zweiten Teil der Apnoephase in einem obstruktiven Teil fort. Als Hypoventilation wird eine unzureichende Atmung infolge zu geringer Atemamplitude bezeichnet. Weitere schlafbezogene Atmungsstörungen gibt es in Form der sogenannten asynchronen Atmung, hierbei werden der Oropharynx und die „respiratorische Pumpe" in Gegenphase innerviert. Schlaf beeinflußt also direkt die Atmung sowohl auf der afferenten Seite, auf der der Integrationsleistung im sogenannten Atmungszentrum, als auch auf der Seite der Motoneurone und der quergestreiften Muskulatur als Effektorstrukturen. Die genauen Gesetzmäßigkeiten, nach denen sich die schlafbezogenen Atmungsstörungen vollziehen, sind noch unbekannt. Die schlafbezogenen Atmungsstörungen ziehen Veränderungen der Blutgase nach sich. Kritische Abfälle des PO_2 und Anstiege des PCO_2 bzw. des PH beeinflussen nun ihrerseits die Schlafregulation in Form einer zentralnervösen Aktivierungsreaktion, die auch als „Arousal" bezeichnet wird. Diese zentralnervösen Aktivierungsreaktionen halten meist nur ein bis drei Sekunden an, was ausreicht, den okkludierten Oropharynx zu öffnen und für gewisse Zeit die Atmung wieder in Gang zu setzen. Meist kommt es zu einer kompensatorischen Hyperpnoe, die zum Ausgleich der durch Apnoe alterierten Blutgaskonzentrationen führt. Mit dem Wiedereinsetzen der Schlafaktivität im EEG treten die schlafbezogenen Atmungsstörungen erneut auf. Bei der Schlafapnoe können sich pro Nacht Hunderte von Atemstörungen bis zu mehreren Minuten Dauer mit intermittierenden zentralnervösen Aktivierungsphasen und Hyperpnoe abwechseln. Die intermittierenden zentralnervösen Aktivierungsaktionen stellen eine Unterbrechung des physiologischen Schlafablaufs dar. Dies wird auch als Schlaf-

Abb. 1: Registrierbeispiel einer obstruktiven Schlafapnoe (MESAM). Jeweils fortlaufend liefert der Ausschrieb in der oberen Zeile die Atemgeräusche und darunter die Herzfrequenz. Deutlich zu erkennen sind die apnoeassoziierten Schwankungen der Herzfrequenz.

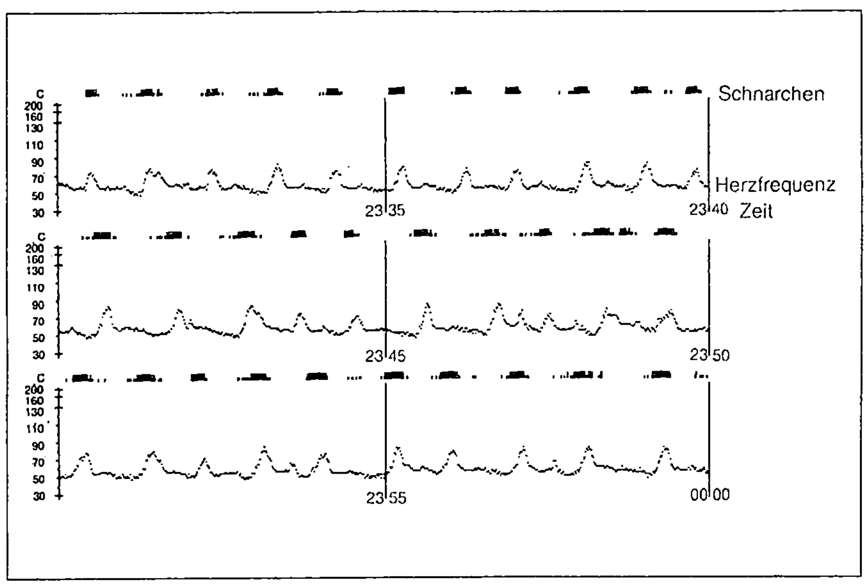

fragmentierung bezeichnet und gilt als Ursache eines Leitsymptoms der meisten schlafbezogenen Atmungsstörungen, nämlich der vermehrten Einschlafneigung tagsüber (EDS = excessive daytime sleepiness) (8).

Klinik

Die Symptome und Befunde bei den schlafbezogenen Atmungsstörungen erklären sich aus den pathophysiologischen Grundlagen. Unmittelbare Folge der Atmungsstörungen sind die Blutgasveränderungen. Sie führen zu Druckerhöhungen im kleinen und großen Kreislauf. Eine weitere wichtige Beeinträchtigung der Hämodynamik erklärt sich aus den intrathorakalen Druckschwankungen, die als Folge des intrathorakalen Unterdrucks während Phasen partieller oder kompletter Obstruktion der oberen Atemwege auftreten (18). Die Beeinträchtigung der Hämodynamik durch diese intrathorakalen Druckschwankungen wird als eine wesentliche Ursache für das Entstehen einer

Abb. 2: Patient mit angelegtem MESAM-Gerät.

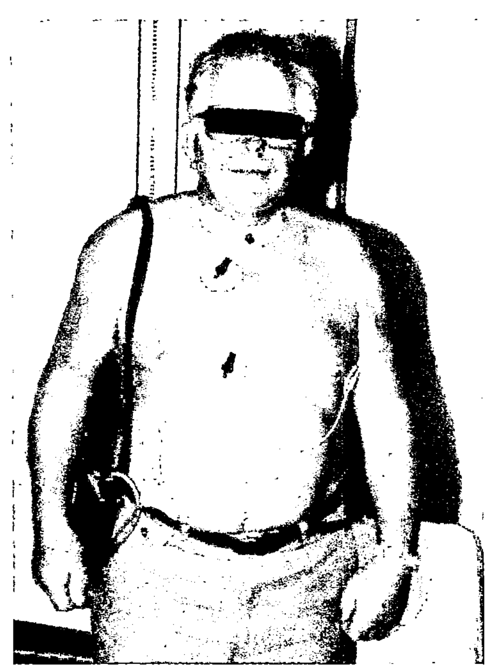

Rechtsherzinsuffizienz bei schlafbezogenen Atmungsstörungen angesehen. Die Klinik der einzelnen schlafbezogenen Atmungsstörungen ist folglich unterschiedlich, je nachdem ob es sich um eine Störung mit oder ohne Obstruktion der oberen Atemwege handelt, je nachdem wie ausgedehnt und häufig die einzelnen Ereignisse sind, je nachdem wie lange sie dauern und ob die einzelnen Ereignisse im Rahmen eines zentralnervösen Aktivierungsmechanismus' beendet werden oder nicht.

Schnarchen kommt bei mehr als 20 % der Bevölkerung vor. Über die Häufigkeit des obstruktiven Schnarchens ist jedoch nichts Exaktes bekannt. Die weitest verbreitete und mit Sicherheit pathophysiologisch relevante Form der schlafbezogenen Atemregulationsstörung ist die gemischte Schlafapnoe. Sie wird bei 10 % aller Männer der mittleren Altersgruppe gefunden (13). Als relevant werden dabei mehr als zehn Apnoephasen je Stunde Schlafzeit von mehr als jeweils zehn Sekunden Dauer angesehen.

Eine typische Schlafapnoe wird an folgendem klinischen Bild erkannt: lautes und unregelmäßiges Schnarchen und körperliche Unruhe im Schlaf während der Nacht, Anlaufschwierigkeiten und Kopfschmerz morgens, vermehrte Einschlafneigung bis hin zu imperativem Schlafzwang tagsüber, depressive Wesensänderung und Leistungsknick. Mit Fortschreiten des Krankheitsbildes nimmt die Rechtsherzinsuffizienz zu. Es treten überwiegend nächtliche Rhythmusstörungen auf. Polyglobulie ist nur selten, Übergewicht häufig zu finden, aber keineswegs obligatorisch. In manchen Fällen kommen auch andere Ursachen für eine Verengung der oberen Atemwege wie z. B. kurzes Kinn, verstopfte Nase oder Adenoide bzw. geschwollene Tonsillen in Frage. Elektroenzephalographisch findet sich bei Patienten mit Schlafapnoe eine reduzierte Einschlaflatenz und häufig ein sogenanntes Sleep-onset-REM — wie beim Narkoleptiker. Schlafapnoe ist eine wichtige neurologische Differentialdiagnose zur Narkolepsie. Bei Nachweis von Sleep-onset-REM und gleichzeitigem Nachweis von Atemstillständen ist in der Regel vom Vorliegen einer Schlafapnoe als Ursache der vermehrten Schlafneigung auszugehen. Die Narkolepsie hat davon unabhängig andere Symptome wie kataplektische Attacken und hypnagoge Halluzinationen. Gleichwohl finden wir erstaunlicherweise auch heute noch häufig Patienten mit ausgeprägter Hypersomnie durch Schlafapnoe, bei denen in der Vorgeschichte fälschlich eine Narkolepsie diagnostiziert worden war. Besondere Bedeutung kommt der frühzeitigen Diagnostik der schlafbezogenen Atmungsstörung zu, da bei rechtzeitig eingeleiteter Therapie *alle* Symptome und Befunde voll reversibel sind. Wegen der massiven therapeutischen Konsequenzen ist die Kenntnis des klinischen Bildes dieser Erkrankungsformen heute für jeden Arzt unerläßlich.

Diagnostik

Diagnostisch ist so vorzugehen, daß alle Symptome und Befunde, die für die schlafbezogenen Atmungsstörungen wichtig sind, als Indikator zur Untersuchung gelten. Wegen der großen Zahl von Patienten, auf die diese Kriterien zutreffen, muß die Diagnostik stufenweise erfolgen: Indikationsstellung, Voruntersuchung mittels standardisiertem Fragebogen, ausführliche internistische, neurologische und Hals-Nasen-Ohren-ärztliche Untersuchung, Langzeit-EKG, Lungenfunktion, Ergometrie. Sodann wenden wir ein gestuftes Schema zum Nachweis der schlafbezogenen Atmungsstörungen an: MESAM (Abb. 1 und 2) (15 Systeme), Marburger Apnoemeßkoffer (Abb. 3 und 4) (sechs Systeme), fahrbare, am Patientenbett außerhalb des Schlaflabors einsetzbare Systeme SIDAS (Abb. 5 und 6) (drei Systeme) und sechs Schlaflaborplätze (vier je 25kanalige Polysomnographieeinheiten zur Differentialdiagnostik und zur Einstellung auf eine Therapie, ein Meßplatz auf der Intensivstation für vital gefährdete Patienten sowie ein Platz in einer schallabgeschirmten

Kabine, der akustischen Messungen bei Schnarchern dient und weiterhin zur Therapieverlaufskontrolle besonders geeignet ist, weil er zusätzlich ausgestattet ist mit psychometrischen und psychophysiologischen Meßmöglichkeiten zur Feststellung der tagsüber bei den Patienten bestehenden psychophysiologischen Veränderungen).

Die polysomnographischen Messungen sollten in mindestens zwei, besser jedoch in drei aufeinanderfolgenden Nächten mit einer Gewöhnungsnacht durchgeführt werden. Der positive Nachweis gelingt meist auch mit ambulatorischen Registrierverfahren ohne die sogenannte große Polysomnographie. Bei klinisch bestehendem Verdacht auf dem Vorliegen einer schlafbezogenen Atmungsstörung sollte dieser jedoch niemals ohne Polysomnographie aufrecht erhalten werden. Auch eingreifende therapeutische Schritte wie Operationen oder maschinelle Beatmungstherapien sollten grundsätzlich nicht ohne vorherige „große" Polysomnographie im Schlaflabor durchgeführt werden (11, 12).

Prävention und Therapie

Normalgewicht, offene obere Atemwege, Vermeiden von sedierenden und relaxierenden Substanzen sind wichtige Voraussetzungen zur Prävention von schlafbezogenen Atmungsstörungen. Nach positivem diagnostischem Nachweis sieht die Therapie in einer ersten Stufe zusätzlich zu den genannten Präventivmaßnahmen das Absetzen aller Medikamente vor, die eine Herzinsuffizienz verstärken oder das Schlaf-Wach-Verhalten beeinflussen, so z. B. Beta-Blocker oder zentraldämpfende Hochdruckmittel. Als spezifische Therapie setzen wir in der zweiten Stufe Theophyllin ein. Bei Versagen der präventiven Maßnahmen bzw. der beiden ersten therapeutischen Stufen stellen wir den Patienten auf eine kontinuierliche nasale Überdruckbeatmung (nCPAP) ein. Bei diesem Verfahren wird während des Schlafs kontinuierlich über die Nase Luft in den Oropharynx gepumpt. Eine erste Langzeit-Verlaufstudie über ein halbes Jahr zeigt 80 % Erfolg mit dieser Methode (2). Bei Versagen aller übrigen Therapieformen erwägen wir chirurgische Maßnahmen, wie Uvulo-Palato-Pharyngo-Plastik oder die Anlage eines Tracheostoma.

Abschlußbemerkung

Jeder Patient sollte wissen, ob er eine schlafbezogene Atmungsstörung hat oder ob er dazu neigt. Jeder Arzt sollte die Symptome und Befunde kennen, die mit schlafbezogenen Atmungsstörungen einhergehen. Er sollte die Interaktion zwischen schlafbezogenen Atmungsstörungen und anderen Erkrankungen

Abb. 3: Registrierbeispiel einer gemischten Apnoe, aufgezeichnet mit dem Marburger Apnoemeßkoffer (Registrierkurven von oben nach unten: PO_2tc, Atmung, Thorax, Atmung Abdomen, Herzfrequenz; am unteren Rand ist der Zeittakt zu sehen): erhebliche apnoeassoziierte Herzfrequenzschwankungen und deutliche PO_2tc-Schwankungen.

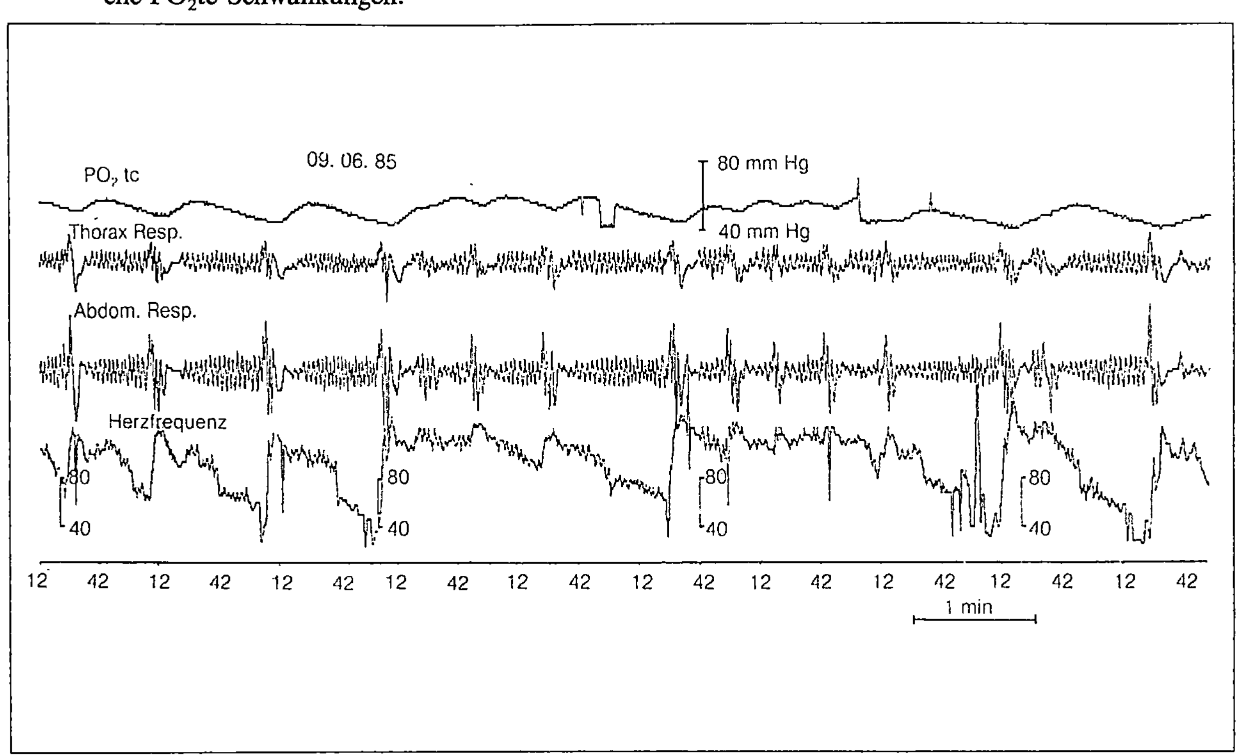

Abb. 4: Patient mit dem Marburger Apnoemeßkoffer.

Abb. 5: SIDAS-2000-Registrierung einer ausgeprägten obstruktiven Schlafapnoe: extreme SaO_2-Abfälle bei kompletter Obstruktion der oberen
Atemwege (kein Nasenluftfluß). Als Resultat der Obstruktion
kommt es in den Apnoeereignissen zu gegenphasischer thorakaler
und abdominaler Atmung (deutlich zu erkennen in der linken
Bildhälfte).

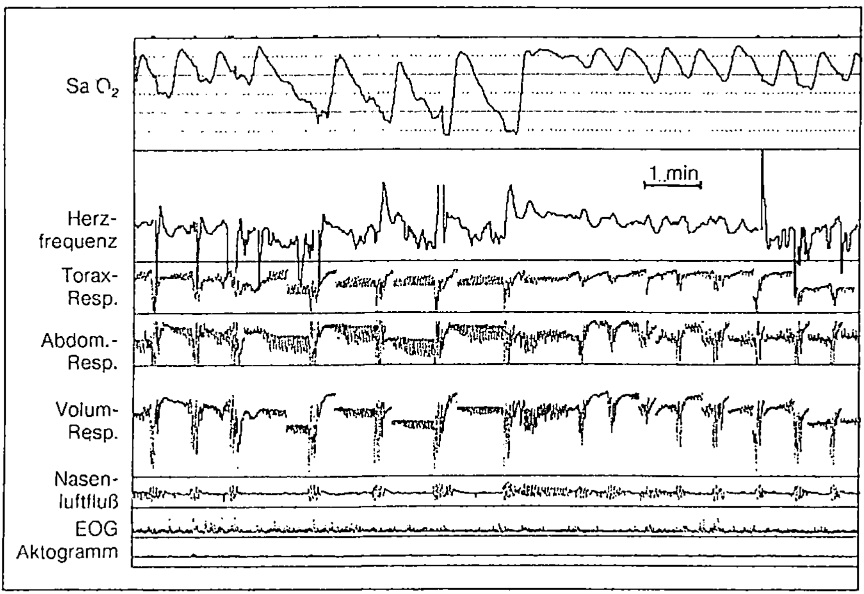

bzw. pharmazeutischen Erzeugnissen kennen. Aufgrund der neueren pathophysiologischen Erkenntnisse ist anzunehmen, daß die unterschiedliche Wirkung, welche die relaxierenden Mittel auf die funktionell unterschiedlichen, an
der Atmung beteiligten Muskelgruppen haben, den Typ der Atmungsstörungen provozieren, der mit Koordinationsstörungen zwischen oropharyngealer
Muskulatur und respiratorischer Pumpe einhergeht (obstruktives Schnarchen
und obstruktive Apnoe). Zentral dämpfende Pharmaka wirken sich suppri-
mierend auf die zentralnervöse Aktivierungsreaktion aus. Sie wirken damit
apnoeverlängernd und können durch die Suppression der intermittierenden,
kompensatorischen Hyperpnoe fatale Folgen auf die Blutgaskonzentration
von Patienten mit schlafbezogenen Atmungsstörungen haben. Es wäre für
jedes Schlaf- und Beruhigungsmittel wichtig zu wissen, wie es sich bezüglich
dieser beiden Mechanismen verhält. Bisher gibt es kaum empirische Untersuchungen dazu.

Abb. 6: SIDAS-2000-Registrierung des Patienten von Abb. 5 unter Therapie mit kontinuierlicher nasaler Überdruckbeatmung: regelmäßige Atmung und keine pathologischen SaO_2-Schwankungen. Der Nasenluftfluß konnte aufgrund der Nasenmaske nicht aufgezeichnet werden. Zukünftig wird dies jedoch möglich sein.

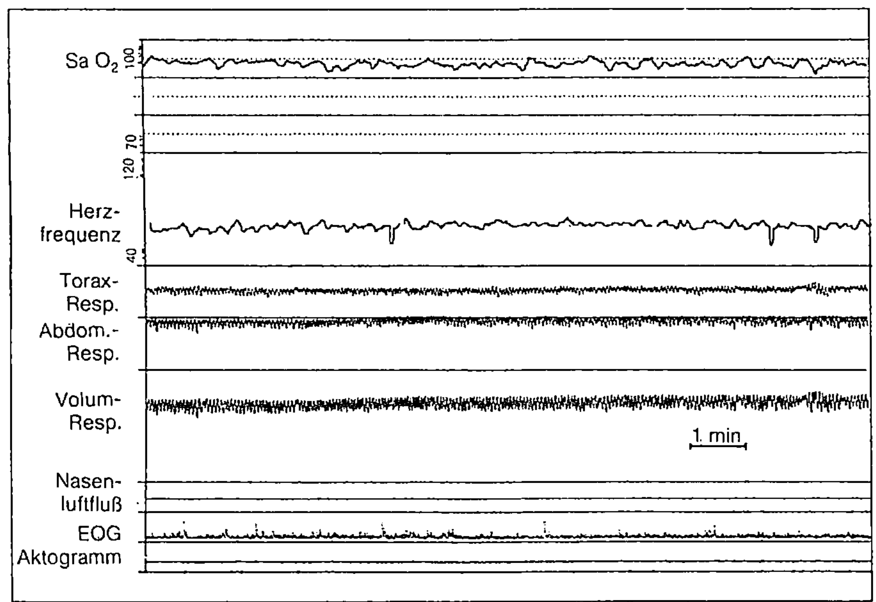

Literatur

1 BÜLOW K, INGVAR DH. Respiration und electroencephalography in narcolepsy. Neurol 1963, 13:321—326.

2 BECKER H, FAUST M, FETT I, KUBLIK A, PETER JH, RIESS M, v. WICHERT P. Langzeitakzeptanz der nCPAP-Therapie bei 70 Patienten mit einer Behandlungsdauer von über sechs Monaten. Prax Klin Pneumol 1989 (im Druck).

3 Deutsche Gesellschaft für Pneumologie und Tuberkulose: Tagung der Arbeitsgruppe „Nächtliche Atmungs- und Kreislaufregulationsstörungen". Prax Klin Pneumol 1987, 41:351—451.

4 FLETCHER EC. Abnormalities of respiration during sleep. Grune and Stratton: Orlando 1986.

5 GUILLEMINAULT C, DEMENT WC. Sleep apnea syndromes. AR Liss: New York 1978.

6 KOELLA WP. Der Schlaf. Seine Phänomenologie und seine Organisation. Inf Arzt 1985, 8:36—54.

7 KOELLA WP. Die Physiologie des Schlafs, eine Einführung. Fischer: Stuttgart 1988.

8 PETER JH. Klinik der Hypersomnien. Internist 1984, 25:547—551.

9 PETER JH. Die Erfassung der Schlafapnoe in der Inneren Medizin. Thieme: Stuttgart-New York 1987.

10 PETER JH, AMEND G, FAUST M, HERRES-MAYER B, PENZEL T, PODSZUS T, WEBER K, WEICHLER U, v WICHERT P. Pathophysiologie und Klinik der Schlafapnoe. . Dtsch Med Wochenschr 1989 (in Vorbereitung).

11 PETER JH, CASSEL W, FAUST M, KÖHLER U, SCHNEIDER H, v WICHERT P. Diagnostik und Therapie der Schlafapnoe. Dtsch Med Wochenschr 1989 (in Vorbereitung).

12 PETER JH. Therapie der Schlafapnoe. In: Krück F, Kaufmann W, Bünte H, Gladtke E, Tölle R (Hrsg). Therapie-Handbuch. 3. Auflage. Thieme: Stuttgart 1989 (im Druck).

13 PETER JH, HESS U, HIMMELMANN H, KÖHLER U, MAYER J, PODSZUS T, SIEGRIST J, SOHN E. Sleep apnea activity and general morbidity in a field study. In: Peter JH, Podszus T, v Wichert P (Hrsg). Sleep related disorders and internal diseases. Springer: Berlin-Heidelberg-New York 1987: 248—253.

14 PETER JH, PENZEL T, PODSZUS, T, RASCHKE F, SCHNEIDER H, STOOHS R, v WICHERT P. Pathogenese der schlafbezogenen Atmungsstörungen. Verh Dt Ges Inn Med 1988, 94: 331—341.

15 PETER JH, PODSZUS T, v WICHERT P. Sleep related disorders and internal diseases. Springer: New York-Heidelberg 1987.

16 PHILIPPSON EA, BOWES G. Control of breathing during sleep. In: Handbook of Physiology. The respiratory System. Vol. II. Am Physiol Soc, Bethesda 1986: 649—689.

17 PIRSIG W. Schnarchen. Ursachen, Diagnostik, Therapie. Hippokrates: Stuttgart 1988.

18 PODSZUS T, MAYER J, PENZEL T, PETER JH, v. WICHERT P. Nocturnal hemodynamics in patients with sleep apnea. Eur J Respir Dis 1986, 69:435—442.

19 RASCHKE F. Prinzipien der Atmungsregulation. Habil., Marburg 1988.

20 RÜHLE K-H. Schlaf und gefährdete Atmung. Thieme: Stuttgart 1987.

21 SAUNDERS N, SULLIVAN CE. Sleep and breathing. Dekker: New York-Basel 1984.

Diskussion Peter/Penzel

Vorsitzender:
Herr Penzel, haben Sie besten Dank für diesen interessanten Beitrag, dessen Diskussion ich hiermit eröffnen möchte.

Frage:
Herr Penzel, wie würden Sie einen Patienten mit einer zentralen Apnoe behandeln, der in der Nacht mehrere hundert Apnoephasen mit einer Dauer bis zu 40 Sekunden hat, dessen Sauerstoffsättigung bis zu 73 % absinkt, der jedoch mit der kontinuierlichen nasalen Überdruckbeatmung eine chronische Rhinitis und auch Konjunktivitis bekommt? Welche Möglichkeiten bleiben da noch? Und zweitens: Sie haben bei der medikamentösen Therapie Atemstimulantien eingeführt. Welche sind das? Und welche pathophysiologischen Überlegungen haben Sie, beispielsweise Theophyllin oder Kalziumantagonisten zu empfehlen?

Penzel:
Patienten mit derart gehäuften zentralen Apnoen sind doch extrem selten. Man müßte hier wirklich sicher sein, daß es sich um rein zentrale Apnoen handelt. Wir zählten sowieso nur maximal 5 % zentrale Apnoen. Zuerst müßte man andere neurologische Ursachen ausschließen. Die Therapie wird aber auf jeden Fall schwierig. Klar ist, daß eine kontinuierliche nasale Überdruckbeatmung bei zentralen Apnoen in der Regel nicht hilft. Auch ein Tracheostoma empfiehlt sich nicht. Wir würden hier eine IPPV-Beatmung (intermittent positive-pressure ventilation) über eine Nasenmaske versuchen.
Theophyllin setzen wir unter der Vorstellung ein, daß es während der Nacht das zentralnervöse Erregbarkeitsniveau, die Vigilanz, ändert und die Patienten dadurch langsamer in den Schlaf absinken und ihre Chemosensitivität nicht so schnell ändern, daß gleich Atemstillstände die Folge wären. Wir denken, diese Änderung des Erregbarkeitsniveaus bringt die Patienten dazu, regelmäßig weiterzuatmen. Das funktioniert allerdings nicht immer. Es gibt da ein Responder- und ein Nonresponderprofil. Das sollte festgehalten werden, denn es gibt einige amerikanische Untersuchungen, die den Schluß favorisieren, daß Theophyllin nicht wirken könnte. Und Kalziumantagonisten verwenden wir bei Apnoepatienten zur Bluthochdruckbehandlung ebenso wie ACE-Hemmer. Direkte Atemstimulantien setzen wir nicht mehr ein.

Frage:
Ich wollte in diesem Kreis hier einmal die Frage nach Erfahrungen mit kieferorthopädischen Hilfen ansprechen: Gibt es da schon gesicherte Ergebnisse?

Penzel:

Ja, operative kieferorthopädische Maßnahmen gibt es. In den USA wird derzeit vertreten, den Unterkiefer aufzusägen und ein Stück vorzusetzen. Das ist natürlich sehr aufwendig. Aber zur mechanischen Kiefertherapie würde ich lieber sehen, wenn Herr Meier-Ewert das Wort ergriffe.

Frage:

Es ist m. E. etwas schwierig abzuschätzen, in welchen Fällen derartige Atemregulationsstörungen für die Hypersomnie verantwortlich zu machen sind. Das dürfte allenfalls für 4 bis 5 % zutreffen, die derzeit zur Behandlung kommen. Sind Ihre Erfahrungen die gleichen? Und wie hoch würden Sie den Anteil der Patienten einschätzen, die wirklich einer Diagnostik in einem Schlaflabor zugeführt werden müßten?

Penzel:

Wir haben vom 1. Januar bis heute eine Auswertung unserer Stufendiagnostik vorgenommen und fanden, daß aufgrund des Fragebogens und der Anamnese etwa 5 % der Patienten dem Schlaflabor aus Gründen der Differentialdiagnostik zugeführt werden mußten. Mit dem ambulanten Meßgerät für Herzfrequenz und Schnarchen konnten wir bei 50 % der Patienten bereits erkennen, ob gar keine Atemregulationsstörung oder eine klassische Schlafapnoe vorlag. Die übrigen 50 % wurden dann mit dem mobilen Gerät untersucht. Von diesen blieben dann etwa 10 % nicht ausreichend abgeklärt, so daß von der ursprünglichen Gesamtpopulation praktisch eben 5 % im Schlaflabor untersucht werden mußte. Allerdings wird vor jeder Therapieeinstellung mindestens eine Nacht im Schlaflabor gemessen, um einen sicheren Ausgangsbefund (Baseline) zu erhalten. Außerdem möchte ich darauf verweisen, daß eine Population einer inneren Poliklinik sicher andere Verteilungen zeigt als die einer neurologischen Klinik.

Vorsitzender:

Zum Abschluß dieser Diskussion hat Herr Meier-Ewert noch das Wort.

Meier-Ewert:

Es wurde hier nach kieferorthopädischen Maßnahmen gefragt. Wir haben 1984 eine Prothese entwickelt, die abends in den Mund gesteckt und morgens wieder herausgenommen wird. Wir nennen Sie ESMARCH-Prothese, weil sie den ESMARCHschen Handgriff imitiert und den Unterkiefer nach vorne schiebt. Wir konnten kernspintomographisch nachweisen, daß die lichte Weite des Oropharynx damit tatsächlich vergrößert wird. Wir überblicken derzeit etwa hundert Patienten, die wir so behandelt haben. Wir hatten bei 40 % der Patienten eine funktionale Erfolgsrate von 90—100 %, bei weiteren 30 % eine Erfolgsrate von 30—70 %, der Rest war unbefriedigend. Wir verwenden diese Prothese nach wie vor, und ich würde zu Herrn Christens Frage vielleicht sagen, daß die Prothese manchmal auch bei sogenannten zentralen Apnoeformen wirksam ist, denn es hat sich gezeigt, daß sogenannte zentrale Apnoephasen reflektorisch auch durch Berührung der Pharynxwand ausgelöst werden können. Wenn man diese Berührung mit einer solchen Prothese verhindert, sind sie verschwunden. Bei Kindern zeigt sich das häufiger, wenn man eine Tonsillektomie durchführen ließ; anschließend sind deren Tagesschläfrigkeiten verschwunden.

Ich habe aber noch eine Frage an Herrn Penzel, und zwar zu Ihren verschiedenen Screeningmethoden wollte ich anmerken: Was nutzt es, wenn schließlich und endlich doch eine Polysomnographie durchgeführt werden muß? Wir haben den Eindruck, daß die Apnoe letztlich verbindlich nur mit der Polysomnographie auszuschließen oder zu beweisen ist.

Penzel:

Da sind wir ganz anderer Meinung als Sie, nämlich daß zur verbindlichen Abklärung nur die Patienten polysomnographisch untersucht werden müssen, bei denen die ambulante Diagnose und das mobile Gerät nicht zum gesicherten Erfolg geführt haben oder eben solche, die zur Baselinemessung kommen. Das gestufte Vorgehen erscheint uns einfach ökonomischer, und wir können somit viel mehr Menschen gezielt unsere Hilfe anbieten.

Die Wirkung der Benzodiazepine auf neuronaler Ebene

W. E. Müller

Von der Einführung von Chlordiazepoxid bis zu einem spezifischen neuronalen Rezeptor

Die erste Substanz aus der Gruppe der Benzodiazepine war Chlordiazepoxid, das 1955 synthetisiert wurde. Chlordiazepoxid wurde 1960 in die klinische Praxis eingeführt, sein erstes Nachfolgepräparat, das Diazepam, nur ein Jahr später. Seit dieser Zeit sind mehrere tausend Benzodiazepine synthetisiert und auf biologische Aktivität getestet worden. Mehr als 20 sind in der Zwischenzeit bei uns in den Handel gebracht worden.

Schon die ersten Experimente mit Chlordiazepoxid zu Beginn der 60er Jahre zeigten ganz klar, daß diese Art von Verbindungen vier pharmakologische Grundeigenschaften aufweisen, nämlich sedativ-hypnotische, anxiolytische, antikonvulsive und darüber hinaus auch zentral-muskelrelaxierende.

Wie diese Wirkungen im zentralen Nervensystem ausgelöst werden, war allerdings über zehn Jahre lang unbekannt. Erst gegen Ende der 70er Jahre wurden zwei wesentliche Entdeckungen gemacht, die unser Wissen über den Wirkungsmechanismus der Benzodiazepine in den nächsten Jahren ganz erheblich erweiterten. Zum einen wurde gefunden, daß die Wirkung der Benzodiazepine im zentralen Nervensystem von der Anwesenheit des inhibitorischen Neurotransmitters Gamma-Aminobuttersäure (GABA) abhängt. Die andere wichtige Entdeckung war der Befund, daß die Wirkung der Benzodiazepine im Zentralnervensystem über einen Angriff an für diese Substanzen spezifischen Haftstellen vermittelt wird. Diese Haftstellen wurden in den nächsten Jahren als Benzodiazepinrezeptoren bezeichnet. Wie beide Befunde zusammenhängen, ist in den letzten Jahren sehr gründlich aufgeklärt worden.

Der Benzodiazepinrezeptor und seine Rolle im molekularen Wirkungsmechanismus der Benzodiazepine

Wir wissen heute, daß der Benzodiazepinrezeptor kein eigenes neuronales System darstellt, sondern immer mit GABA-Rezeptoren der postsynaptischen

"

Abb. 1: Hypothetisches Modell, wie die postsynaptische Verstärkung inhibitorischer GABAerger Nervenzellen in verschiedenen Bereichen des
Zentralnervensystems durch den Benzodiazepinrezeptor in Einklang
gebracht werden kann mit den einzelnen pharmakologischen therapeutischen Wirkungskomponenten der Benzodiazepine und mit den
Effekten der Benzodiazepine auf andere Neurotransmittersysteme
(nach MÜLLER).
Die GABAerge Synapse (Teil A) ist in Abb. 2 vergrößert dargestellt.

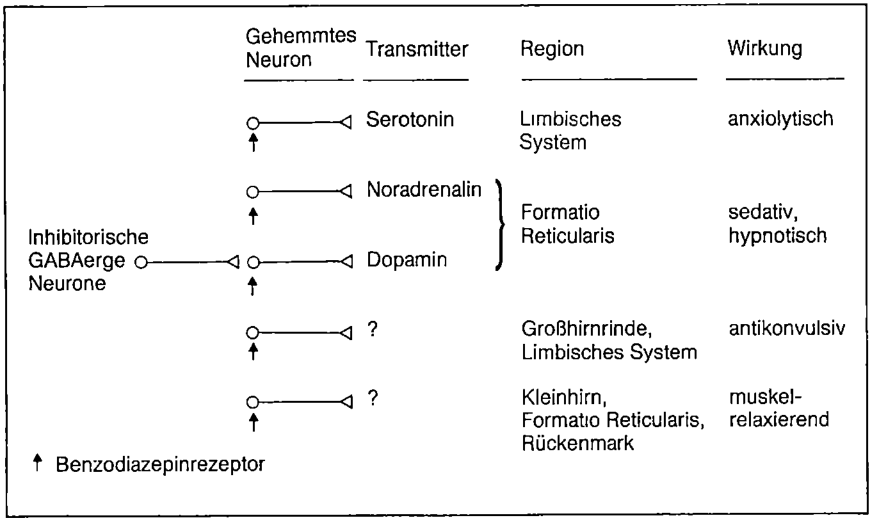

Membran assoziiert ist, was in Abb. 1 durch Pfeile markiert ist. Eine Aktivierung des Benzodiazepinrezeptors durch Benzodiazepine hat keinen direkten Effekt auf die neuronale Aktivität, sondern bewirkt nur eine Verstärkung
GABAerger inhibitorischer Impulse, ausgelöst durch eine Freisetzung des inhibitorischen Neurotransmitters GABA und dessen Bindung an den postsynaptischen GABA-Rezeptor des gehemmten Neurons (Abb. 1) GABA ist unseren
heutigen Erkenntnissen nach der wichtigste inhibitorische Neurotransmitter.
Ungefähr 30 % aller zentralen Synapsen sind GABAerg. GABAerge Hemm-
prozesse sind praktisch in allen Funktionen unseres zentralen Nervensystems
eingeschaltet, wobei die neuronale Verschaltung inhibitorischer GABAerger
Neurone sowohl über kleine Interneurone erfolgen kann als auch über projizie-
rende GABAerge Neurone. Eine schematische Darstellung der neuronalen
Verschaltungsmöglichkeiten GABAerger Neurone ist in Abb. 2 dargestellt.
Die breite Verteilung GABAerger Neurone im Zentralnervensystem kann

Abb. 2: Schema einer GABAergen Synapse (Teil A in Abb. 1).
Links: Präsynaptische und postsynaptische Strukturen der GABA-ergen Synapse. Teil A, der eigentliche GABA-Rezeptorkomplex, ist auf der rechten Seite vergrößert dargestellt.
Rechts: Modell des GABA-Rezeptor-Benzodiazepinrezeptor-Chloridionen-Kanal-Komplexes, der aus den Rezeptoren für GABA, für Benzodiazepine und für das Analgetikum Pikrotoxin sowie dem durch GABA regulierten Chloridionenkanal der postsynaptischen Membran besteht.

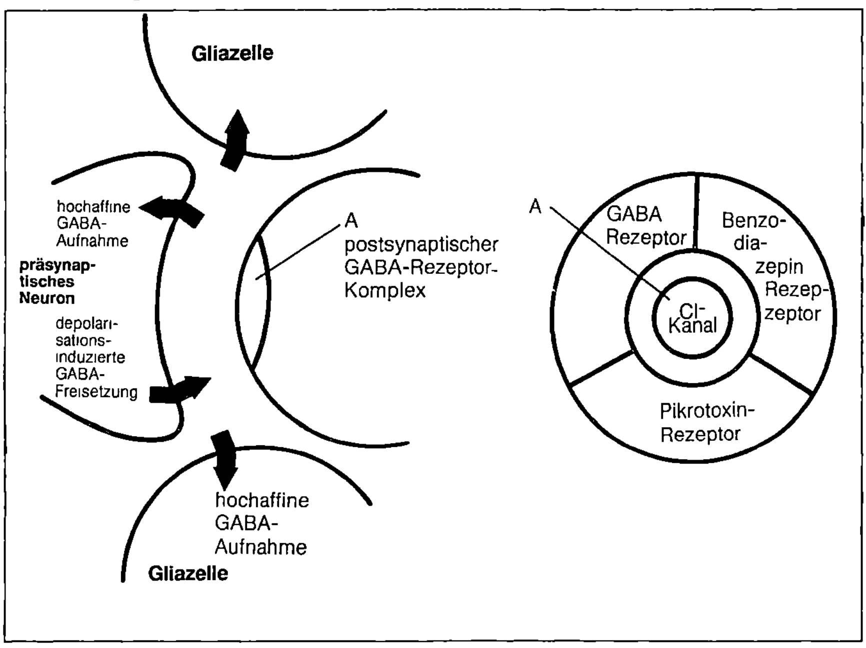

erklären, daß die postsynaptische Verstärkung GABAerger Hemmimpulse durch die Benzodiazepine (Abb. 1) in vielen Arealen des Zentralnervensystems bestimmte, über inhibitorische GABAerge Impulse kontrollierte Funktionen beeinflussen kann. Überwiegen innerhalb eines solchen Mechanismus Neurone eines bestimmten Neurotransmittersystems, so kann das in Abb. 1 dargestellte Schema auch Befunde erklären, wo nach Gabe von Benzodiazepinen Veränderungen an bestimmten Neurotransmittersystemen in bestimmten Arealen des Zentralnervensystems gefunden wurden. Relativ gute Hinweise bestehen z. B. dahingehend, daß eine Verstärkung GABAerger

Hemmimpulse auf serotoninerge Neurone im limbischen System durch Benzodiazepine für die anxiolytische Wirkung dieser Substanzen wichtig ist. Da die relative Bedeutung der GABAergen Inhibition in den einzelnen Arealen des Zentralnervensystems unterschiedlich ist, kann das in Abb. 1 dargestellte Schema auch erklären, daß für bestimmte Wirkungen der Benzodiazepine höhere Dosen benötigt werden als für andere. Da die Affinität der Benzodiazepinrezeptoren in allen Arealen gleich ist, muß man annehmen, daß zur Auslösung der Wirkungen der Benzodiazepine in den einzelnen Arealen des Zentralnervensystems ein unterschiedliches Ausmaß an Rezeptorbesetzung benötigt wird. Das Schema (Abb. 1) kann auch paradoxe, d. h. erregende Effekte der Benzodiazepine erklären, wenn es über eine Interaktion mit dem Benzodiazepinrezeptor zu einer verstärkten Hemmung endogener Hemmmechanismen (Desinhibition) kommt.

Benzodiazepinrezeptoren hat man bisher nur im Gehirn von Wirbeltieren einschließlich des Menschen gefunden. Außerhalb des zentralen Nervensystems und in niedrigen Tierarten scheinen Benzodiazepinrezeptoren nicht vorzukommen.

Gehen wir von dem Schema in Abb. 1 von der funktionellen Ebene auf die mehr neuronale Ebene, so ist die GABAerge Synapse mit dem Benzodiazepinrezeptor in Abb. 2 detailliert dargestellt. Hier ist der Benzodiazepinrezeptor Teil des postsynaptisch lokalisierten GABA-Rezeptorkomplexes, der auf der rechten Seite von Abb. 2 vergrößert dargestellt ist. Damit ist der Benzodiazepinrezeptor Teil einer multifaktoriellen postsynaptischen Einheit der GABAergen Synapse, zu der neben dem Benzodiazepinrezeptor noch der GABA-Rezeptor, der Chloridionenkanal und eine Bindungsstelle für Barbiturate und das Analeptikum Pikrotoxin und ähnliche Substanzen gehören. Benzodiazepine wirken innerhalb dieser multifaktoriellen Einheit, indem sie über allosterische Mechanismen (die im einzelnen noch nicht bekannt sind) nach Interaktion mit dem Benzodiazepinrezeptor den Effekt des inhibitorischen Transmitters GABA verstärken. Die inhibitorische Wirkung von GABA selbst wird dadurch ausgelöst, daß GABA nach Interaktion mit dem GABA-Rezeptor zu einer Hyperpolarisation der postsynaptischen Membran führt. Das inhibitorische postsynaptische Potential entsteht dadurch, daß die Besetzung des GABA-Rezeptors durch einen Agonisten zu einer Öffnung des Chloridionenkanals und zu einem Einstrom von Chloridionen in die Zelle führt. Sehr elegante elektrophysiologische Untersuchungen der letzten Jahre haben nun gezeigt, daß der eigentliche Effekt der Benzodiazepine der ist, daß die Häufigkeit der Chloridkanalöffnungen nach GABA-Rezeptoraktivierung durch einen Agonisten in Gegenwart von Benzodiazepinen erhöht ist. Dadurch, daß die Benzodiazepine nur die Wirkung des endogenen Transmitters GABA verstärken, sind ihrer maximalen Wirkung sehr enge Grenzen gesetzt, was wahrscheinlich auch erklärt, daß die Benzodiazepine wesentlich untoxischer sind als Barbiturate. Barbiturate können nämlich im Gegensatz zu den Benzodiazepinen direkt neuronale Membranen hyperpolarisieren, bedingt durch eine direkte Aktivierung des Chloridionenkanals. Damit führen die Barbiturate zu einer wesentlich tieferen Depression des zentralen Nervensystems als die Benzodiazepine. Die direkte Aktivierung des Chloridionenkanals durch Barbiturate wird wahrscheinlich über eine Interaktion der Barbiturate mit der Pikrotoxinbindungsstelle des GABA-Rezeptor-Benzodiazepinrezeptorkomplexes vermittelt. Sie kann durch das heute obsolete Pikrotoxin aufgehoben werden.

Die bisherigen Darlegungen zeigen, daß wir heute in der Lage sind, die Aktivierung des Benzodiazepinrezeptors durch Agonisten (Benzodiazepine) einzuordnen einerseits in die pharmakologischen und therapeutischen Wirkungen der Benzodiazepine und andererseits in ihre Effekte auf die neuronale Aktivität des Zentralnervensystems.

Tab. 1: Die pharmakologischen Eigenschaften der Benzodiazepine als Grundlage ihrer therapeutischen Einsatzmöglichkeiten, aber auch als Grundlage der wichtigen unerwünschten Wirkungen

Pharmakologische Eigenschaften	Therapeutischer Einsatz	Unerwünschte Wirkungen
Sedativ, hypnotisch	— Schlafstörungen — Prämedikation in der Anästhesie	— Tagessedation — Tagesschläfrigkeit — eingeschränkte Aufmerksamkeit
Antikonvulsiv	— zentral ausgelöste Krampfzustände — Epilepsie	
Amnestisch	— verschiedene Anwendungen in der Anästhesie	— Amnesie (anterograd), z. B. bei der Anwendung als Hypnotikum
Zentral muskelrelaxierend	— zentrale Spastik — Muskelverspannungen — Tetanus	— Muskelschwäche — Ataxie — Gangstörungen — Atemdepression
Anxiolytisch	— Angst- und Spannungszustände verschiedener Genese	— Gleichgültigkeit — Realitätsflucht

Alle hier beschriebenen Wirkungen und Nebenwirkungen werden über einen Angriff an zentralen Benzodiazepinrezeptoren ausgelöst und können daher durch einen Benzodiazepinrezeptorantagonisten (z. B. Flumazenil) terminiert werden.

Die Annahme, daß ein Angriff am Benzodiazepinrezeptor der primäre Schritt für alle relevanten Wirkungen der Benzodiazepine ist, konnte in den letzten Jahren in klassischer pharmakologischer Art bestätigt werden. Man hat nämlich Substanzen synthetisiert, die man als kompetitive Antagonisten des Benzodiazepinrezeptors betrachten kann. Diese Substanzen binden mit hoher Affinität an den Benzodiazepinrezeptor, verhindern damit die Bindung von benzodiazepinartigen Agonisten an den Rezeptor und sind damit in der Lage, alle Benzodiazepinwirkungen an Tier und Mensch innerhalb sehr kurzer Zeit zu terminieren.

Die pharmakologischen Eigenschaften bestimmen die erwünschten, aber auch die unerwünschten klinischen Wirkungen

Gerade die zuletzt erwähnten Befunde mit Benzodiazepinrezeptorantagonisten haben noch einmal sehr eindrucksvoll belegt, daß praktisch alle relevanten Wirkungen der Benzodiazepine auf den gleichen Mechanismus zurückgehen, nämlich eine Aktivierung des Benzodiazepinrezeptors als Teil der GABAergen inhibitorischen Neurotransmission. Dies erklärt auf neuronaler Ebene die schon sehr alte klinische Beobachtung, daß therapeutische Wirkungen und dabei auftretende unerwünschte Wirkungen der Benzodiazepine sehr eng miteinander korreliert sind und oft nur von der Dosis der Substanz oder der individuellen Empfindlichkeit des Patienten bestimmt werden.
Wirkungen der Benzodiazepine und daraus abgeleitete Nebenwirkungen sind in Tab. 1 zusammengefaßt. Die sedative und hypnotische Wirkungskomponente erklärt letztlich den Einsatz der Benzodiazepine als Hypnotika und erklärt auch den Einsatz dieser Verbindungen als Prämedikation in der Anästhesie. Die hypnotische Wirkungskomponente erklärt aber auch die wichtigsten Nebenwirkungen der Benzodiazepine, d. h. Tagessedation, Schläfrigkeit und eingeschränkte Aufmerksamkeit, unter der viele Patienten bei einer Dauertherapie mit Benzodiazepinen zu leiden haben. Die anterograde Amnesie, die man speziell bei parenteraler Anwendung in der Anästhesie sehr häufig sieht, ist mit Sicherheit eine erwünschte Wirkung, wenn sich Patienten, die z. B. vor einer Endoskopie ein Benzodiazepin parenteral erhielten, nach dem Eingriff nicht mehr daran erinnern können. Amnesie kann aber auch eine sehr unangenehme, allerdings seltene Nebenwirkung von Benzodiazepinen sein. Sie ist beobachtet worden z. B. bei der Anwendung als Hypnotikum, wenn der Patient vor dem Schlafengehen ein stark wirksames Benzodiazepinhypnotikum eingenommen hat und sich am nächsten Morgen nicht mehr daran erinnern kann, wann er sich nun eigentlich schlafen gelegt hat. Die zentral muskelrelaxierende Wirkung der Benzodiazepine findet ihren Niederschlag in der

Abb. 3: Schematische Darstellung der möglichen neuronalen Verschaltung GABAerger inhibitorischer Neurone (weiß) mit anderen exzitatorischen Neuronen (schwarz) (nach HAEFELY).

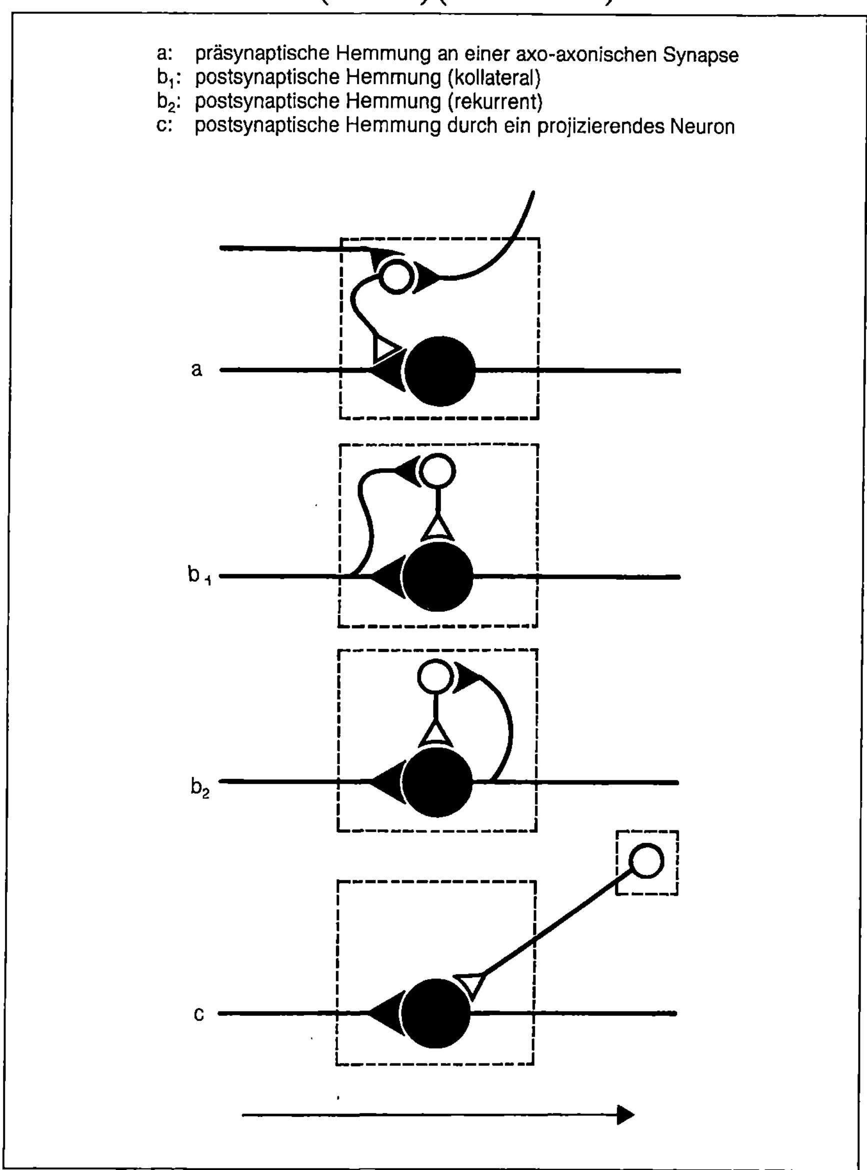

Anwendung dieser Substanzen bei zentraler Spastik. Muskelschwäche und Ataxie, Gangstörungen, aber auch Artikulationsstörungen und Atemdepression sind die unerwünschten Wirkungen, die sich aus dieser über zentrale Mechanismen laufenden Muskelrelaxation ergeben. Die angstlösende Wirkung als die eigentliche spezifische Wirkung der Benzodiazepine führt zum therapeutischen Einsatz dieser Substanzen bei Angst und Spannungszuständen verschiedener Genese. Auch unerwünschte Wirkungen wie Gleichgültigkeit, Wurstigkeit und Realitätsflucht kann man aus dieser Wirkungskomponente im Sinne einer überzogenen Wirkung ableiten.

Die Benzodiazepine von heute:
Substanzen mit relevanten Unterschieden oder über zwanzig Jahre lang
Librium® mit leichten Veränderungen?

In Übereinstimmung mit vielen pharmakologischen Daten, aber im Gegensatz zu dem Gefühl vieler Kollegen aus der Klinik gibt es heute keine klaren Hinweise darauf, daß sich die im Handel befindlichen Benzodiazepine wesentlich in qualitativer Hinsicht unterscheiden. Mit anderen Worten: Die maximal erreichbare Aktivierung der GABAergen Neurotransmission ist für alle klassischen Benzodiazepine sehr ähnlich. Worin sich die heutigen Benzodiazepine allerdings sehr deutlich unterscheiden, ist die Affinität zum Benzodiazepinrezeptor. Hier findet man Schwankungen von über drei Zehnerpotenzen, wie es für die zur Zeit bei uns erhältlichen Benzodiazepine in Tab. 2 gezeigt ist. Da „unterschiedliche Affinität" bedeutet, daß unterschiedliche Konzentrationen am Rezeptor von der jeweiligen Substanz benötigt werden, um eine bestimmte Rezeptorokkupation auszulösen, und da sich die intrinsische Aktivität der Benzodiazpepine offensichtlich nicht wesentlich unterscheidet, müssen wir davon ausgehen, daß die unterschiedliche Affinität zum Benzodiazepinrezeptor wichtig ist für die Dosis der einzelnen Benzodiazepine, die für eine bestimmte Wirkung benötigt wird. Diese Beziehung ist vor allem sehr gut zu sehen, wenn akute Effekte der Benzodiazepine untersucht werden, da sich die einzelnen Verbindungen hinsichtlich Resorption und Anflutungsgeschwindigkeit wesentlich weniger unterscheiden als bei der Eliminationsgeschwindigkeit. Ein solch akuter Effekt ist der Einsatz der Benzodiazepine als Hypnotika. Wie in Abb. 4 gezeigt, läßt sich zwischen der mittleren hypnotischen Erwachsenendosis verschiedener Benzodiazepine und ihrer in vitro bestimmten Rezeptoraffinität eine sehr gute Korrelation finden. In vereinfachter Form läßt sich daher feststellen, daß die Affinität der Benzodiazepine zum Rezeptor das molekularpharmakologische Korrelat zur therapeutischen Dosis darstellt. Dies gilt natürlich im Prinzip auch für alle anderen Wirkungen der Benzodiazepine,

Tab. 2: Die zur Zeit (Stand: Rote Liste 1988) in der Bundesrepublik im Handel befindlichen Benzodiazepinderivate mit ihrer Affinität zum Benzodiazepinrezeptor und ihrer Eliminationshalbwertszeit (in Stunden)

Benzodiazepine		IC_{50} (nmol/l)	$t_{1/2}$ (h)
Alprazolam	Tafil®	20	10—18
Bromazepam	Lexotanil®	18	10—24
Brotizolam	Lendormin®	1	4— 8
Chlordiazepoxid	Librium®	350	10—18*
Clobazam	Frisium®	130	10—30*
Clonazepam	Rivotril®	2	24—56
Clorazepate	Tranxilium®	59	2— 3*
Clotiazepam	Trecalmo®	2	3—15
Diazepam	Valium®	8	30—45*
Flunitrazepam	Rohypnol®	4	10—25
Flurazepam	Dalmadorm®	15	2*
Ketazolam	Contamex®	1.300	1,5*
Loprazolam	Sonin®	5	7—10
Lorazepam	Tavor®	4	10—18
Lormetazepam	Noctamid®	4	9—15
Medazepam	Nobrium®	870	2*
Midazolam	Dormicum®	5	1— 3
Nitrazepam	Mogadan®	10	20—50
Nordazepam	Tranxilium N®	9	50—80
Oxazepam	Adumbran®	18	5—18
Oxazolam	Tranquit®	10.000	—
Nordazepam	wirksamer Metabolit	9	50—80
Prazepam	Demetrin®	110	1— 3*
Temazepam	Planum®	16	6—16
Tetrazepam	Musaril®	34	12
Triazolam	Halcion®	4	2— 4

Affinität ist angegeben als halbmaximale Hemmkonzentration für spezifische Ligandenbindung (IC_{50}), d. h. je kleiner der Wert, desto höher ist die Affinität. Ein Stern (*) bedeutet, daß aktive Metabolite mit längerer Halbwertszeit gebildet werden.

nur wird die Konzentration am Rezeptor bei chronischer Gabe von Benzodiazepinen auch von der unterschiedlichen Eliminationsgeschwindigkeit der Substanzen bestimmt. Die Länge der Wirkung oder der Wirksamkeit wird allerdings nicht von der Rezeptoraffinität determiniert, da Assoziation und Dissoziation vom Rezeptor in Minuten stattfinden. Determiniert wird die

Abb. 4: Die Beziehung zwischen der Affinität einiger Benzodiazepine zum Benzodiazepinrezeptor (dargestellt durch die Inhibitionskonstante K_i) und ihrer mittleren hypnotischen Erwachsenendosis.
Die Darstellung zeigt, daß die Rezeptoraffinität eine direkte Determinante der therapeutischen Dosis darstellt. Dies gilt besonders für die hypnotische Wirkung, die ja ganz wesentlich von einer Dosis getragen wird.

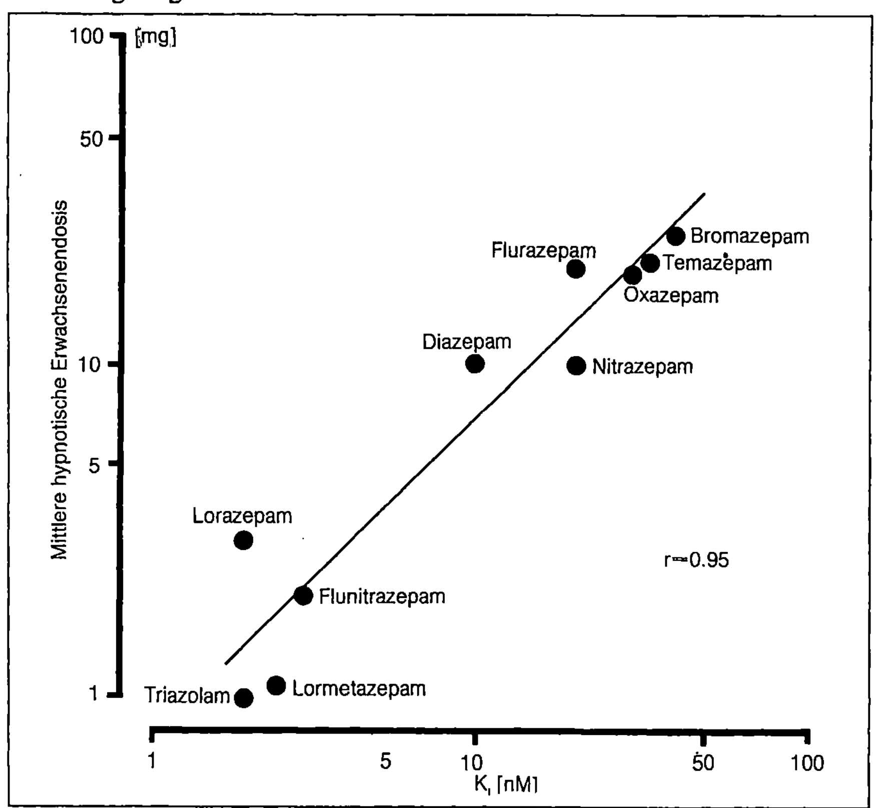

Wirkdauer ausschließlich von der Eliminationsgeschwindigkeit der Benzodiazepine, die üblicherweise dargestellt wird durch die Eliminationshalbwertszeit (Tab. 2). Zwischen beiden Größen besteht kein Zusammenhang, denn es sind sowohl Benzodiazepinderivate mit hoher Affinität und kurzer Halbwertszeit als auch Derivate mit hoher Affinität und langer Halbwertszeit bekannt (siehe Tab. 2). Neben der wichtigen Rolle, die die Rezeptoraffinität für die jeweilige Dosis der einzelnen Benzodiazepinderivate spielt, ist für die klinische Anwendung der Substanzen ein Vor- oder Nachteil hoher oder niedriger Rezeptoraffinität nicht bekannt. Mit anderen Worten: Wir können heute keine Aussage darüber machen, ob hohe oder niedrige Rezeptoraffinität besonders gut oder besonders schlecht ist.

Die Eliminationshalbwertszeit hat dagegen eine klare therapeutische Bedeutung, da sie die Verweildauer des jeweiligen Benzodiazepins im Organismus determiniert und damit auch die Dauer der spezifischen Wirkung der Benzodiazepine. Die Einteilung der Benzodiazepine nach ihrer Eliminationsgeschwindigkeit ist schon Lehrbuchwissen. Die Selektion bestimmter Substanzen für bestimmte Indikationen spielt vor allem bei der Wahl einiger Benzodiazepine als Hypnotika eine wichtige Rolle. Greift man bei der Wahl eines Hypnotikums zu einem Benzodiazepinderivat mit längerer Eliminationshalbwertszeit (z. B. Nitrazepam), so muß man bei mehrtägiger Anwendung damit rechnen, daß es zur Kumulation im Laufe einiger Tage kommt, so daß wir am Morgen noch aktive Substanz im Organismus haben und vermehrt mit einem Hangover, d. h. einem Überhängen der Benzodiazepinwirkung, rechnen müssen, was sich u. a. in einer reduzierten Aufmerksamkeit, einer reduzierten Reaktionsfähigkeit und einer erhöhten Müdigkeit über den Tag niederschlagen kann. Die Alternative, ein Benzodiazepinhypnotikum einzusetzen, das sehr schnell eliminiert wird, bei dem am nächsten Morgen keine wirksame Konzentration mehr im Blut nachweisbar ist, ist vor diesem Hintergrund sicher sehr zu begrüßen. Allerdings haben diese Substanzen auch eine Reihe von Nebenwirkungen, die bei den Benzodiazepinen mit etwas längerer Elimination weniger stark ausgeprägt sind. So beobachtet man z. B. nach mehrtägiger Einnahme solcher sehr kurz eliminierender Benzodiazepine vermehrt Rebound-Phänomene, d. h. Schlafstörungen nach Absetzen der Medikation. Wahrscheinlich zeigen die sehr kurzeliminierenden Benzodiazepinhypnotika (z. B. das Triazolam) auch mehr Probleme hinsichtlich amnestischer Störungen und einer gewissen Toleranzentwicklung, d. h. daß die hypnotische Wirkung relativ bald nachläßt. Eine interessante Mittelstellung nehmen hier Benzodiazepinhypnotika mit mittellanger Halbwertszeit ein (z. B. Lormetazepam, Loprazolam, Temazepam), die zwar auf der einen Seite beide Typen von Nebenwirkungen zeigen können, allerdings hinsichtlich der Inzidenz solcher Nebenwirkungen heute recht günstig bewertet werden. Für die klinische Wertung der einzelnen Gruppen von Benzodiazepinhypnotika sei auf den folgenden Beitrag von OSWALD verwiesen.

Die Benzodiazepine von morgen:
Partielle Agonisten, Antagonisten und inverse Agonisten
als die Benzodiazepine der nächsten Jahrzehnte

Während die experimentelle Forschung für mehr als zwanzig Jahre nur Benzodiazepinderivate hervorgebracht hat, die sich im wesentlichen pharmakokinetisch, aber nicht pharmakodynamisch unterscheiden, hat man auf diesem Gebiet in den letzten Jahren einige Fortschritte gemacht, nicht zuletzt bedingt durch die entscheidenden neuen Erkenntnisse, die man hinsichtlich des molekularen Wirkungsmechanismus der Benzodiazepine gewonnen hatte. Damit sind heute eine Reihe von Substanzen bekannt, die sich pharmakodynamisch deutlich von den klassischen Benzodiazepinen unterscheiden, die aber alle über einen Angriff am Benzodiazepinrezeptor zur Wirkung kommen.

Die Gruppe der Benzodiazepinrezeptorantagonisten ist schon im Vorangegangenen kurz vorgestellt worden. Ihre Eigenschaften sind in Tab. 3 noch einmal kurz zusammengefaßt. Die Substanzen zeichnen sich durch eine hohe Affinität zum Benzodiazepinrezeptor aus, zeigen dort aber keine intrinsische Aktivität, haben also keinen direkten Einfluß auf die GABAerge Neurotransmission. Sie sind aber in der Lage, die Wirkungen aller am Benzodiazepinrezeptor wirksamen Substanzen kompetitiv aufzuheben. Aus diesen sehr klaren Eigenschaften, wie wir sie in der experimentellen Pharmakologie an vielen Rezeptorsystemen für kompetitive Antagonisten kennen, lassen sich schon die möglichen therapeutischen Einsatzmöglichkeiten der Benzodiazepinrezeptorantagonisten ableiten. Ihre heute absehbare Indikation ist die Terminierung der Wirkung sehr hoher Dosen von Benzodiazepinen, die zum einen inzidentiell gegeben worden sein können, z. B. bei der Anwendung in der Anästhesie, wo es unter Umständen sehr nützlich ist, wenn postoperativ die Wirkung des Hypnotikums sehr schnell terminiert werden kann. Sie können aber auch bei akzidentiellen Überdosierungen eingesetzt werden, z. B. wenn sehr hohe Dosen von Benzodiazepinen in suizidaler Absicht eingenommen wurden. Der mögliche therapeutische Wert solcher Benzodiazepinrezeptorantagonisten für die gerade eben dargestellten Indikationen wird allerdings unterschiedlich beurteilt.

Mit Hilfe der Benzodiazepinrezeptorantagonisten ist man in den letzten Jahren auf eine Gruppe von Substanzen gestoßen, die mit sehr hoher Affinität und Selektivität an den Benzodiazepinrezeptor binden, sich im pharmakologischen Experiment aber als zentralerregende Substanz erwiesen. Da auch die zentralerregende Wirkung dieser Substanzen durch Benzodiazepinrezeptorantagonisten in niedriger Dosierung aufgehoben werden konnte, mußte man davon ausgehen, daß auch diese den Benzodiazepinen entgegengesetzten Wir-

Tab. 3: Eigenschaften und therapeutische Anwendung von Benzodiazepinrezeptorantagonisten

Eigenschaften	Therapeutischer Einsatz
Hohe Affinität zum Benzodiazepinrezeptor	— Terminierung der Wirkung hoher Dosen von Benzodiazepinen, z. B. in der Anästhesie
Keine intrinsische Aktivität	
Aufhebung aller Wirkungen von Agonisten und inversen Agonisten des Benzodiazepin-rezeptors	— Behandlung von Intoxikationen mit Benzodiazepinen

Von diesen Verbindungen ist bis jetzt nur das Flumazenil (Anexate®) im Handel. Andere Verbindungen aus verschiedenen chemischen Gruppen (z. B. β-Carboline wie das ZK 93426 oder Pyrazoloquinolinone wie das CGS 8216) sind zur Zeit in der Entwicklung.

kungen über einen Angriff am Benzodiazepinrezeptor ausgelöst werden. Diese zunächst sehr ungewöhnlichen Befunde konnten in der letzten Zeit auf molekularer Ebene geklärt werden. Wir wissen heute, daß auch diese Substanzen, die wir inzwischen als inverse Benzodiazepinrezeptoragonisten bezeichnen (Tab. 4), an den Benzodiazepinrezeptor als Teil des GABA-Rezeptor-Benzodiazepinrezeptorkomplexes binden (Abb. 2). Die intrinsischen Effekte, die diese Substanzen nun am Benzodiazepinrezeptor zeigen, sind genau entgegengesetzt denen, die wir bei den Benzodiazepinen selbst kennengelernt haben. In pharmakologischen Experimenten zeigen diese Substanzen damit konvulsive Eigenschaften, ähnlich wie sie für verschiedene Analeptika bekannt sind (z. B. Pentetrazol, Pikrotoxin und Strychnin). Darüber hinaus zeigen die Substanzen angstauslösende (anxiogene) Eigenschaften, die auch dem pharmakologischen Wirkungsspektrum der Benzodiazepine direkt entgegengesetzt sind. Aufgrund der krampfauslösenden Effekte dieser neuen Substanzgruppe erscheinen aus heutiger Sicht ihre möglichen therapeutischen Einsatzmöglichkeiten begrenzt. Da die Substanzen in Umkehrung der amnestischen Wirkung der Benzodiazepine eine mnestische Wirkung, d. h. eine gedächtnisverbessernde Wirkung in verschiedenen tierexperimentellen Anordnungen gezeigt haben, wird zur Zeit untersucht, inwieweit solche Substanzen — niedrig dosiert — bei altersbedingten kognitiven Defiziten, wie z. B. Gedächtnis- und Konzentrationsschwächen, eingesetzt werden können. Darüber hinaus haben aber die inversen Agonisten des Benzodiazepinrezeptors wesentlich zur Erforschung der Funktion des Benzodiazepinrezeptor-GABA-Rezeptorkomplexes beigetragen. Die Tatsache, daß sie am gleichen

Tab. 4: Eigenschaften und mögliche therapeutische Anwendungen von inversen Agonisten des Benzodiazepinrezeptors

Eigenschaften	möglicher therapeutischer Einsatz
— selektive Bindung an den Benzodiazepinrezeptor	— aufgrund der konvulsiven Eigenschaften sind mögliche therapeutische Anwendungen begrenzt
— eine den Benzodiazepinen entgegengerichtete intrinsische Wirkung, d. h. indirekte Hemmung der GABA Neurotransmission	— tierexperimentell wird zur Zeit eine gedächtnisverbessernde Wirkung im Sinne eines Einsatzes bei altersbedingten kognitiven Defiziten untersucht
— anxiogene Eigenschaften	
— konvulsive Eigenschaften	

Rezeptoragonisten mit unterschiedlicher oder besser gesagt direkt diametral entgegengesetzter Wirkung angreifen können, ist praktisch neu in der Pharmakologie und stellt damit ein sehr, sehr interessantes neues Wirkungsprinzip dar. Sicher, die vielversprechendste Entwicklung auf dem Gebiet neuer Benzodiazepinrezeptorliganden sind die sogenannten partiellen Agonisten des Benzodiazepinrezeptors, deren Eigenschaften in Tab. 5 zusammengefaßt sind. Diese Substanzen binden mit hoher Selektivität an den Benzodiazepinrezeptor und lösen dort eine den Benzodiazepinen in qualitativer Hinsicht ähnliche agonistische Wirkung aus. Allerdings ist die intrinsische Aktivität dieser Substanzen im Vergleich zu den Benzodiazepinen deutlich reduziert. Partielle Benzodiazepinrezeptoragonisten mit einem unterschiedlichen Ausmaß an noch vorhandener intrinsischer Aktivität werden heute in den Forschungslaboratorien verschiedener Firmen sehr intensiv untersucht, weil man große Hoffnung hat, mit solchen Substanzen endlich in der Lage zu sein, die pharmakologischen Eigenschaften der Benzodiazepine differenzieren zu können. Voraussetzung für diese Hoffnung ist der schon im Vorangegangenen erwähnte Befund, daß zur Auslösung der einzelnen Benzodiazepinwirkungen eine unterschiedliche Dosis und damit ein unterschiedliches Ausmaß an Benzodiazepinrezeptorbesetzung benötigt wird. Die Beziehung zwischen pharmakologischer Wirkung und Benzodiazepinrezeptorbesetzung ist in Tab. 6 kurz dargestellt. In Tierexperimenten hat man ermittelt, daß zur anxiolytischen oder antikonvulsiven Wirkung der Benzodiazepine nur ca. 25 % der Rezeptoren besetzt sein müssen, zur Auslösung zentraler Muskelrelaxation oder zur deutlichen Bewußtseinstrübung müssen aber fast 100 % der vorhandenen Rezeptoren besetzt sein. Diese benötigte unterschiedliche Benzodiazepinrezeptorbesetzung wird noch einmal verdeutlicht an der gegenläufigen Skala der Anzahl der Reserve-

Tab. 5: Eigenschaften und mögliche therapeutische Anwendungen von partiellen Agonisten des Benzodiazepinrezeptors. Aus dieser Substanzgruppe ist bis jetzt noch keine Verbindung im Handel.

Eigenschaften	möglicher therapeutischer Einsatz
— selektive Bindung an den Benzodiazepinrezeptor	— zur Zeit in der klinischen Erprobung als Anxiolytika und Antikonvulsiva
— agonistische (benzodiazepinartige) Wirkung	— im Verhältnis zu klassischen Benzodiazepinen reduzierte Inzidenz an unerwünschten Wirkungen? (Sedation, Ataxie)
— reduzierte intrinsische Aktivität	
— antikonvulsive und anxiolytische Eigenschaften	

rezeptoren, d. h. der Rezeptoren, die für die über den Rezeptor vermittelte Wirkung nicht benötigt werden. Hat nun eine Substanz keine volle intrinsische Wirkung, so benötigt sie, z. B. um einen anxiolytischen Effekt auszulösen, nicht nur 25 % Rezeptorbesetzung wie die vollen Agonisten, sondern deutlich mehr, nämlich z. B. 75 % Benzodiazepinrezeptorbesetzung. Damit ist erkenntlich, daß wir mit einer solchen Substanz, die schon zur Auslösung eines anxiolytischen Effektes 75 % der Rezeptoren besetzen muß, selbst bei 100 %iger Rezeptorbesetzung kaum noch Effekte sehen werden, die schon bei vollen Agonisten eine hohe Benzodiazepinrezeptorbesetzung benötigen (Tab. 6). Damit bieten — zumindestens von tierexperimentellen Daten her — die partiellen Benzodiazepinrezeptoragonisten endlich die Möglichkeit, qualitative Unterschiede im Hinblick auf die Benzodiazepinwirkung zu erreichen. Die Möglichkeit, einen guten Tagestranquilizer oder ein gutes Antiepileptikum mit sehr geringen sedativen und muskelrelaxierenden Nebenwirkungen zu erhalten, erscheint über diesen Mechanismus relativ erfolgreich. Ob dies auch für die klinische Anwendung gilt, muß aufgrund der bis heute nur sehr wenigen klinischen Erfahrungen mit solchen Substanzen noch völlig offen bleiben. Ebenso offen bleiben muß die Frage, ob diese Substanzen eventuell ein geringeres Abhängigkeitspotential aufweisen als die klassischen Benzodiazepinderivate mit voller intrinsischer Aktivität.

Sind Noctamid®, Tavor® und Valium® die Phytopharmaka von morgen?

Zum Schluß möchte ich noch einmal kurz auf eine Problematik zurückkommen, die direkt mit dem Vorhandensein eines spezifischen Rezeptors für

Benzodiazepine in unserem Gehirn zusammenhängt. Die Tatsache, daß ein solcher Rezeptor in unserem zentralen Nervensystem vorkommt und sich im Laufe der Evolution von der Stufe der Nichtwirbeltiere zu den Wirbeltieren gebildet hat und ab dieser Zeit unverändert besteht, hat natürlich schon von Anfang an die Frage aufgeworfen, ob dieser Rezeptor eine physiologische Funktion hat oder mit anderen Worten ob es eine endogene Substanz gibt, die als Agonist an diesem Rezeptor wirkt. Diese Frage wird von vielen Arbeitsgruppen seit vielen Jahren intensiv untersucht. Allerdings ist es bis heute noch nicht gelungen, einen solchen endogenen Liganden des Benzodiazepinrezeptors zweifelsfrei zu identifizieren. Ohne jetzt im Detail auf diese Diskussion einzugehen, möchte ich noch einen sehr jungen Befund vorstellen, der eine neue Nuance in die Diskussion des endogenen Liganden des Benzodiazepinrezeptors gebracht hat. Ausgehend von Untersuchungen mit monoklonalen Antikörpern, aber in der Zwischenzeit auch bestätigt durch hochkarätige analytische Methoden, ist es eine Tatsache, daß in verschiedenen tierischen Materialien Diazepam und Desmethyldiazepam nachgewiesen werden konnten (Tab. 7). Dazu gehören das Gehirn von Rind und Ratte, aber auch verschiedene periphere Organe dieser Tiere. Die ursprüngliche Hypothese, daß es sich

Tab. 6: Die Beziehung zwischen der benötigten Benzodiazepinrezeptorbesetzung (und der damit direkt korrelierten Wirkungsquanten) auf der einen Seite und der vorhandenen Anzahl an Reserverezeptoren auf der anderen Seite mit den verschiedenen pharmakologischen Wirkungen der Benzodiazepine (als volle Agonisten des Benzodiazepinrezeptors).
Nach tierexperimentellen Untersuchungen genügen zur Auslösung einer antikonvulsiven Wirkung Dosen, die nur ca. 25 % der Rezeptoren besetzen, während Muskelrelaxation und Bewußtseinseintrübung erst bei Dosen auftreten, die praktisch alle vorhandenen Rezeptoren besetzen.

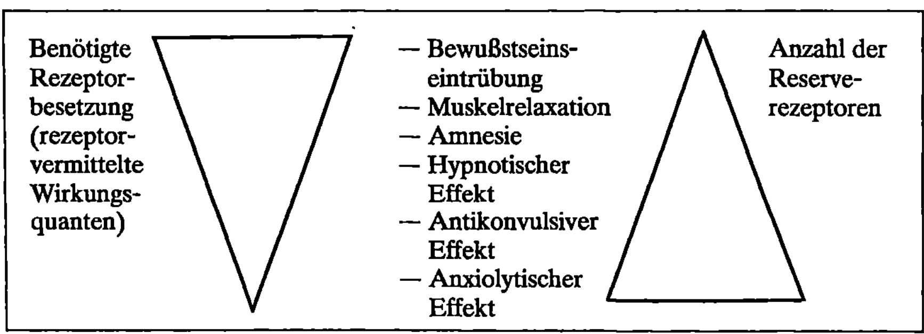

hierbei um verschleppte Arzneimittel handelt, läßt sich heute bei der Fülle der Befunde nicht mehr aufrechterhalten. Inzwischen hat man beide Substanzen auch in einer Reihe von pflanzlichen Quellen, darunter Getreide, Kartoffel, aber auch in Fischpulver nachgewiesen. Darüber hinaus hat man im Weizen bzw. in der Kartoffel noch zwei weitere im Handel befindliche Benzodiazepine gefunden, nämlich das Lorazepam und das Lormetazepam. Die gefundenen Konzentrationen sind sehr niedrig und lassen nicht auf eine relevante Rezeptorbesetzung bei den Tieren schließen, sind aber doch hoch genug, um einen Ursprung dieser Substanzen aus der pharmazeutischen Industrie unwahrscheinlich werden zu lassen. Gegen die Hypothese, daß unsere Umwelt durch Benzodiazepine aus den Retorten der pharmazeutischen Industrie verseucht ist, spricht auch der Befund, daß man beide Substanzen in menschlichem Autopsiematerial nachgewiesen hat, das vor 40 Jahren gewonnen wurde, also zu einer Zeit, zu der Benzodiazepine noch nicht bekannt waren.

Der Befund, daß Benzodiazepine in der Natur vorkommen, entbehrt meiner Meinung nach nicht einer gewissen Ironie, denn von vielen werden die Benzodiazepine geradezu als Inbegriff der bösen Chemie für die Seele angesehen. Daß sie möglicherweise 100 % Natur sind, beweist nun einmal mehr, daß die Wertung eines Arzneimittels, wie gut oder wie schlecht es letztlich ist, nicht von seiner Herkunft bestimmt wird, sondern von seinen pharmakologischen und toxikologischen Eigenschaften und seinen therapeutischen Möglichkeiten.

Der Ursprung dieser natürlichen Benzodiazepine ist noch vollkommen unbekannt. Man geht allerdings heute davon aus, daß ein biosynthetischer Weg eher im Pflanzenbereich zu erwarten ist als im Tierreich oder beim Menschen. Dies würde darauf schließen, daß die im menschlichen oder auch tierischen Gehirn

Tab. 7: Materialien, in denen Diazepam und Desmethyldiazepam in Spuren gefunden wurden. Neben diesen beiden Verbindungen wurden im Weizen bzw. der Kartoffel noch Lormetazepam und Lorazepam nachgewiesen.

Vorkommen von Diazepam und Desmethyldiazepam in natürlichem Material
(Konzentrationsbereich 1—100 nmol/kg)

Rinderhirn
Rattenhirn
Verschiedene periphere Organe der Ratte
Menschliches Gehirn, darunter 40 Jahre altes Autopsiematerial
verschiedene Getreide (Weizen, Mais, Reis)
Kartoffel
Fischpulver

nachgewiesenen Benzodiazepine über die Nahrungsmittelkette in den menschlichen oder tierischen Organismus gelangen. Ob sie dort relevante Wirkungen haben, ist vollständig offen, erscheint aber vor dem Hintergrund der meist sehr niedrigen Konzentrationen, die bis jetzt gefunden wurden, eher unwahrscheinlich. Obwohl damit die Frage nach dem möglichen endogenen Liganden des Benzodiazepinrezeptors immer noch offen bleibt, läßt der Befund endogener Benzodiazepine doch für die nächste Zeit noch eine Reihe interessanter Entwicklungen erwarten. Daß Noctamid®, Tavor® oder Valium® eines Tages die Zulassung als Phytopharmaka erhalten, erscheint mir aber sehr unwahrscheinlich.

Literatur

1 Haefely W, Kyburz E, Gerecke M, Möhler H. Recent advances in the molecular pharmacology of benzodiazepine receptor and in the structuractivity relationship of their agonists and antagonist. Adv Drug Res 1985, 14: 165—322.
2 Haefely W, Pieri L, Polc P, Schaffner R. General pharmacology and neuropharmacology of benzodiazepine derivatives. In: Hoffmeister F, Stille G (Hrsg). Handbook of experimental pharmacology, Vol. 55/II. Springer: Berlin 1981: 13—262.
3 Hindmarch I, Ott H, Roth T. Sleep, benzodiazepines and performance. Psychopharmacol Suppl. Springer: Heidelberg 1984.
4 Hindmarch I, Ott H, Roth T. Benzodiazepine receptor ligands: memory and information processing. Psychopharmacol. Suppl. Springer: Heidelberg 1988.
5 Hippius H, Engel RR, Laakmann G. Benzodiazepine, Rückblick und Ausblick. Springer: Berlin-Heidelberg-New York 1986.
6 Klotz U. Tranquillatien, therapeutischer Einsatz und Pharmakologie. Medizinisch-pharmakologisches Kompendium, Bd. I. Wissenschaftl Verlagsges: Stuttgart 1985.
7 Kubicki St. Schlafstörungen in Abhängigkeit vom Lebensalter. Schering AG: Berlin 1984.
8 Kugler J, Leutner V. Benzodiazepine in der Neurologie, Editiones Roche. Hoffmann-La-Roche: Grenzach-Wyhlen 1987.
9 Müller WE. Der Benzodiazepinrezeptor, experimentelles Artefakt oder Teil eines wichtigen, bisher unbekannten neuronalen Regulationsmechanismus im zentralen Nervensystem? Dtsch Med Wochenschr 1980, 105:68—71.
10 Müller WE. Molekularer Wirkungsmechanismus der Benzodiazepine. Münchn Med Wochenschr 1982, 124:879—883.
11 Müller WE. Benzodiazepine, was gibt es Neues? Dtsch Apoth Z 1986, 126:1036—1044.
12 Müller, WE. The benzodiazepine receptor, drug acceptor only or a physiologically relevant part of our central nervous system? The Scientific Basis of Psychiatry Vol. 3. Cambridge University Press: Cambridge-New York-Melbourne 1987.
13 Müller WE. New trends in benzodiazepine research. Drugs of Today 1988, 24: 649—663.
14 Müller WE. Vom Diazepam Bindungs-Inhibitor bis zum natürlichen Diazepam oder zur Frage der physiologischen Bedeutung des Benzodiazepinrezeptors. Dtsch Apoth Z 1988, 128:672—674.

Diskussion Müller

Vorsitzender:
Ich eröffne die Diskussion.

Frage:
Ihr Vortrag scheint es schon zu implizieren, aber ich frage doch noch einmal direkt: Gibt es unter den heute auf dem Markt verfügbaren Benzodiazepinen Unterschiede bezüglich des Wirkungsspektrums? Die zweite Frage wäre: Wie erklären Sie sich die von Ihnen angesprochenen differentiellen Wirkungen der Nichtbenzodiazepine auf den Rezeptor? Dann müßten ja die Rezeptoren in sich unterschiedlich sein.

Müller:
Vielen Dank, vor allem für die zweite Frage. Hier habe ich aus Zeitgründen einiges weggelassen. Zur Frage, inwieweit es qualitative Unterschiede bei den heute im Handel befindlichen Benzodiazepinen gibt: Das ist ein beständiger Streitpunkt zwischen Klinikern und Pharmakologen. Es gibt mit Sicherheit Unterschiede im qualitativen Wirkbild. Wenn Sie das Präparat A in einer und das Präparat B in dessen gegebener Dosierung nehmen, dann sehen Sie mit Sicherheit Unterschiede. Das bedeutet aber nicht, daß man nicht auch eine dem Präparat A ähnliche Wirkung für das Präparat B erreichen kann, wenn man dessen Dosierung den pharmakokinetischen Eigenschaften anpaßt. Die Pharmakologie gibt eigentlich keinen wesentlichen Hinweis darauf, daß es irgendwelche grundlegenden qualitativen Unterschiede gibt. Was man in der Klinik immer wieder sieht, kann man durch unterschiedliche Pharmakokinetik erklären, und zwar nicht nur Unterschiede in der Eliminationsgeschwindigkeit, sondern auch Unterschiede in der Penetriergeschwindigkeit in das Zentralnervensystem und Unterschiede in der Dosierung. Viele Substanzen werden meiner Sicht nach nicht in der äquivalenten Dosierung gegeben, sondern werden bewußt unterschiedlich dosiert.
Der Grund, warum es mit den partiellen Agonisten möglich sein könnte, qualitative Unterschiede auszulösen, ist der, daß für die einzelnen pharmakologischen Wirkungsqualitäten der Benzodiazepine eine unterschiedliche Anzahl der Rezeptoren besetzt werden muß. Man konnte im Tierexperiment sehr schön zeigen, daß nur etwa 25 % der vorhandenen Rezeptoren durch Benzodiazepine besetzt werden müssen, um bei der Maus eine der Anxiolyse adäquate Wirkung auszulösen. Für diesen Effekt braucht man also nur eine relativ geringe Dosis oder geringe Konzentration im Zentralnervensystem. Man benötigt aber eine wesentlich höhere Rezeptorbesetzung, um bei der

Maus eine deutliche Sedation oder eine Muskelrelaxation zu erreichen. Dazu gibt es in der Klinik gewisse Parallelen: Muskelrelaxation tritt im großen und ganzen erst bei höheren Dosierungen auf.

Haben Sie nun einen Partialagonisten, dann benötigt dieser aufgrund einer reduzierten Aktivität schon für die Anxiolyse mehr als 25 % Rezeptorbesetzung, beispielsweise 75 %. Deshalb können Sie mit dieser Substanz, auch wenn Sie höher dosieren, nicht mehr so viele Benzodiazepinrezeptoräquivalente erreichen, um noch eine volle Muskelrelaxation zu erhalten. Ich möchte aber betonen, daß das tierexperimentelle Daten sind.

Haben Sie also einen Partialagonisten, der schon für die Anxiolyse aufgrund seiner reduzierten intrinsischen Aktivität 75 % der Rezeptoren besetzen muß, dann werden Sie mit dieser Substanz, selbst wenn alle Rezeptoren besetzt werden, weniger Sedation oder Muskelrelaxation beobachten, so daß Sie mit Partialagonisten schon theoretisch erklären können, daß hier eine Differenzierung der pharmakologischen Wirkungsqualitäten möglich sein wird. Für die klassischen Benzodiazepine kann man es im Augenblick nicht erklären.

Frage:
Sie haben uns erklärt, daß die Benzodiazepinwirkung im Zentralnervensystem nur über die GABAergen Synapsen vermittelt wird. Warum gibt es dann bei einigen dieser Wirkungen — ich meine jetzt die antikonvulsive — einen relativ großen Toleranzeffekt, der ja dazu führte, daß die Substanz in der Langzeittherapie der Epilepsie kaum noch eingesetzt wird? Und bei anderen Effekten, zum Beispiel dem sedierenden, gibt es eine Toleranzbildung nicht in diesem Maße. Das führt doch dazu, daß Patienten immer wieder Anfälle bekommen, obwohl Sie immer noch relativ sediert sind. Wie kann man das erklären?

Müller:
Wie wir das erklären sollen, wissen wir noch nicht. Wir können nur sagen, daß die Toleranzbildung wahrscheinlich nicht auf der Ebene des Rezeptors abläuft, sondern in den nachgeschalteten Mechanismen. Sie müssen bedenken, daß die GABAerge Hemmung sehr komplex ist und auf sehr viele Nervenzellen einwirkt, daß aber letztlich sedative und antikonvulsive Wirkungen über den gleichen Mechanismus vermittelt werden. Dafür sprechen ganz klar die Befunde mit den Antagonisten. Sie können mit diesen Antagonisten — intravenös verabreicht — all diese Wirkungsqualitäten innerhalb von einer Minute aufheben.

Frage:
Haben Sie auf der molekularen Ebene auch eine Erklärung für paradoxe Reaktionen?

Müller:

Paradoxe Effekte, also letztlich stimulierende, entstehen durch eine sogenannte Desinhibition. Die neuronale Verschaltung läßt ja auch zu, daß hemmende Mechanismen über GABAerge Neurone weiter gehemmt werden und die Hemmung einer Hemmung resultiert letztlich in einer Erregung und damit in einem paradoxen Effekt. Das wäre eine Erklärungsmöglichkeit, für die einiges spricht, die aber im Detail noch nicht bewiesen ist.

Überhangeffekte der Schlafmitteltherapie auf psychologische Funktionen und Erinnerungsvermögen

I. Hindmarch

Schlafen und Wachen sind wesentliche und sich ergänzende Bestandteile einer 24-Stunden-Zyklik. Das Verhältnis zwischen Schlaf- und Wachzeiten ist so miteinander verkoppelt, daß bei Verkürzung oder Verlängerung der einen Komponente die andere entsprechend verlängert oder verkürzt wird, um das Gleichgewicht des zyklischen Ablaufes zu erhalten.
Die Schlafmittel dürfen in diesem Zusammenhang nun nicht nur in Hinsicht auf die Stabilisierung des nächtlichen Schlafes hin untersucht werden, sondern auch in bezug auf ihre Wirkungen auf die Wachphase des nachfolgenden Tages. Der pharmakologische Wirkstoff, der zur Besserung des Schlafes eingesetzt wurde, kann sich nämlich auch auf psychologische Funktionen am nächsten Tag auswirken, wenn seine Wirkdauer über die Schlafenszeit hinausreicht. Derartige Überhangerscheinungen sind für die Bewertung einer Schlafmittel-therapie bei solchen Patienten von großer Bedeutung, bei denen am folgenden Tag die Intaktheit der psychologischen Funktionen unerläßlich ist. Es wäre denkbar, daß Medikamente mit einer geringen Wirkung auf die Leistung am folgenden Tag auch eine ähnlich geringe Wirkung auf die ganze Schlaf-Wach-Zyklik haben und somit eine größere therapeutische Effektivität bei der Behandlung von Schlafstörungen erwarten ließen.

Messungen der subjektiven Effektivität einer Schlafmittelbehandlung

Die EEG-Registierungen der Einschlaflatenz, der Gesamtschlafdauer und der Wachphase allein spiegeln die volle Reaktion des Patienten auf die Therapie nicht wider. Die Einschlafzeit von 45 Minuten mag für manche Patienten ein Problem darstellen, das eine Behandlung erfordert, während sie von anderen als eine Gelegenheit zur Bettlektüre und als positiver Aspekt ihrer Schlaf-gewohnheiten angesehen wird. Ähnlich verhält es sich bei Patienten, die nachts nur wenige Stunden schlafen können, dies aber nie als ein Schlafproblem ansprechen, während sich andere aus dem gleichen Grunde als Patienten vorstellen und um eine Behandlung ersuchen, die ihre Schlafzeit verlängert.

60

EEG-Registrierungen spiegeln auch nicht die kognitive Leistungsfähigkeit des einzelnen auf die medikamentöse Behandlung wider, noch messen sie die Erwartung, die Motivation oder das soziale Bewußtsein, doch alle diese Faktoren üben einen wesentlichen Einfluß auf die therapeutische Antwort aus. So haben etliche Studien gezeigt, daß die elektrobiologischen Schlafaufzeichnungen mit den subjektiven Schätzungen von Einschlaflatenz und Gesamtschlafdauer relativ schlecht korrelieren.

Die Reaktion des Patienten und sein therapeutisches Ansprechen auf die Behandlung sind besonders dort wichtig, wo keine sichtbaren physischen Beschwerden für das Schlafproblem vorliegen. Eine der zuverlässigsten Methoden, durch Hypnotika hervorgerufene Veränderungen der subjektiven Schlafqualität zu messen, ist, die Patienten aufzufordern, ihren Schlaf anhand visueller Analogskalen selbst einzuschätzen. Patientenbeurteilungen haben gezeigt, daß man mit dieser Methode gut zwischen Verum- und Plazebobehandlungen unterscheiden kann. Die subjektiven Berichte müssen eben nur eine standardisierte und kontrollierte Form erhalten, wenn sie von Wert sein sollen; üblich ist die Anwendung eines Fragebogens.

Der Leeds-Schlaffragebogen
(Leeds Sleep Evaluation Questionaire, LSEQ)

Dieser Schlaffragebogen wurde entwickelt, um subjektive Einschätzungen der Medikamentenwirkung auf den Schlaf und die Leistung sowie Befindlichkeit am folgenden Morgen zu quantifizieren. Er soll es ermöglichen, über Tendenzen und Ausmaß von Verhaltensänderungen Meßgrößen zu erhalten. Er analysiert vier Aspekte des Schlafes und das Verhalten am frühen Morgen:
1. die spürbare Erleichterung beim Einschlafen (GTS: Getting To Sleep),
2. die Einschätzung der Schlafqualität (QOS: Quality Of Sleep),
3. die Beurteilung der Leichtigkeit, am folgenden Morgen aufzuwachen (AFS: Awaking From Sleep) und
4. den Index über die Befindlichkeit nach dem Erwachen (BFW: Behaviour Following Wakefulness).

Die Abb. 1 zeigt diesen Fragebogen. Er hat zehn „bipolare" Linien von 10 cm Länge, die diese vier Faktoren des Schlafes und der morgendlichen Befindlichkeit abdecken. Wenn Patienten die Tendenz zeigen, in eine bestimmte Richtung hin zu reagieren, so ändert sich die Polarität der Seiten. Gegensätzliche Versionen des Fragebogens können ohne weiteres erstellt werden, indem man die Polarität der zusammengehörenden Seiten umkehrt; die zentralen Bewertungsmaßstäbe und die sechs Fragen müssen aber unverändert bleiben.

Abb. 1: Der Leeds-Schlaffragebogen (Leeds Sleep Evaluation Questionnaire, LSEQ)

Name des Patienten ____________ Versuchsnummer des Patienten ____________

Besuchsnummer ____________

Tag/Monat/Jahr

____

Jede Frage wird durch das Setzen einer vertikalen Markierung auf der Linie beantwortet. Wenn keine Veränderung festgestellt wurde, wird auf der Mitte der Linie markiert. Wenn eine Veränderung festgestellt wurde, dann wird durch Ihr Zeichen die Art und das Ausmaß der Veränderung angezeigt, z. B. große Veränderungen in der Nähe des Linienendes, kleine Veränderungen nahe der Mitte.

Zum Beispiel würde dies eine kleine Veränderung anzeigen:

|——————/——|

---

1 Wie würden Sie das Einschlafen unter Benutzung des Medikaments mit dem normalen Einschlafen, z. B. ohne Medikament, vergleichen?

a) Einfacher als gewohnlich |——————————| Schwieriger als gewohnlich

b) Schneller als gewohnlich |——————————| Langsamer als gewöhnlich

c) Fühlte mich schläfriger als gewöhnlich |——————————| Fühlte mich weniger schläfrig als gewöhnlich

---

2 Wie würden Sie die Schlafqualität unter Benutzung des Medikamentes mit Ihrem normalen Schlaf (ohne Medikamente) vergleichen?

a) Erholsamer als gewöhnlich |——————————| Weniger erholsam als gewöhnlich

b) Weniger Wachphasen als gewohnlich |——————————| Mehr Wachphasen als gewöhnlich

---

3 Wie beurteilen Sie Ihr Aufwachen nach der Medikation im Vergleich zu Ihrem gewöhnlichen Aufwachen?

a) Einfacher als gewöhnlich |——————————| Schwieriger als gewöhnlich

b) Schneller als gewöhnlich |——————————| Langsamer als gewöhnlich

---

4 Wie haben Sie sich beim Aufwachen gefühlt?

Hellwach |——————————| Müde

---

5 Wie fühlen Sie sich jetzt?

Hellwach |——————————| Müde

---

6 Wie beurteilen Sie Ihren Gleichgewichtssinn und Ihre Koordinationsgabe beim Aufstehen?

Wenig schwerfällig |——————————| Schwerfälliger

Die Werte für die Einschlafzeit ergeben sich aus dem Mittel der drei Komponenten von Frage 1, die für die Schlafqualität aus dem Mittel der beiden Komponenten zur Frage 2, die für das Aufwachen aus dem Mittel der Komponenten zur Frage 3 und die für die Befindlichkeit nach dem Erwachen aus dem Mittel der Fragen 4, 5 und 6.

Die Faktorenanalyse hat gezeigt, daß zwischen der Einschlaflatenz und der Schlafqualität eine positive Beziehung besteht (+ 0,57), ebenso zwischen dem Erwachen und den Befindlichkeitswerten (+ 0,48). Außerdem verhalten sich die beiden Schlaffaktoren Einschlaflatenz und Schlafqualität orthogonal zu dem morgendlichen Erwachen und der Befindlichkeit. So ist es möglich, die vier Faktoren getrennt zu verwenden oder die Einschlaflatenz und die Befindlichkeitswerte zu einem Index für die hypnotische Wirksamkeit zu kombinieren und das Aufwachen und die Befindlichkeit zu einem Hangover-Index zusammenzufassen. Die vier Faktoren des Leeds-Fragebogens sind jenen Meßgrößen ähnlich, die von anderen Forschern benutzt werden, um die Wirkung von Hypnotika auf den Schlaf und die morgendliche Befindlichkeit zu untersuchen.

Die Auswirkung nächtlicher Benzodiazepinmedikationen

Die Wirkung von Benzodiazepinen auf die subjektiven Aspekte des Schlafes und auf die Befindlichkeit am frühen Morgen wurden anhand des Leeds-Fragebogens gemessen. Die Tab. 1 gibt die Fragebogenwerte nach einmaliger Gabe, die Tab. 2 nach mehrmaliger Gabe von Benzodiazepinen an freiwillige schlafgesunde Personen wieder. Die Tab. 3 zeigt die Werte bei Patientenpopulationen nach mehrmaliger nächtlicher Benzodiazepingabe. In diesen Studien wurden alle Präparate abends verabreicht. Ihre Einbeziehung hier impliziert nicht, daß sie im klinischen Gebrauch als Schlafmittel verordnet werden.

Alle Studien, auf die sich die Tabn. 1 und 2 beziehen, wurden anhand ähnlicher Protokolle durchgeführt; die verwandten Medikamente wurden gegen Plazebo in Doppelblindstudien geprüft. Plazebo wurde entweder zum Vorwert bestimmt oder als Vergleichspräparat in einem Cross-over-Versuch verwandt. Medikamentenvergleiche mit Plazebo wurden anhand der Fragebögen gemacht, die jeweils am Morgen nach der abendlichen Verabreichung der Präparate ausgefüllt wurden. Die Zeit zwischen Verabreichung der Substanz und dem Ausfüllen des Fragebogens betrug in allen Studien etwa zehn bis zwölf Stunden.

Die Ergebnisse der Tabn. 1 und 2 geben einen Hinweis auf die direkte psychopharmakologische Wirkung verschiedener Benzodiazepine auf den Schlaf und

Tab. 1: Veränderungen der Werte des Leeds-Schlaffragebogens nach einmaliger abendlicher Gabe verschiedener Benzodiazepine (schlafgesunde Probanden)

Substanz	Dosierung (in mg)	Leeds-Schlaffragebogen				
		Einschl. latenz	Schlaf- qualit.	Aufwach- qualität	Befind- lichkeit	Lite- ratur
Nitrazepam	2,5	+ 2,5	+ 1,6	− 0,9	0,0	16
	5	+ 8,9*	+ 9,7*	− 6,1	−10,9*	3
	5	+ 6,2	+ 4,5	− 2,0	− 3,6	8
	5	+ 6,6	+12,1*	−12,1*	− 5,8*	9
	5	+ 5,0	+ 5,0	− 7,0	+ 5,0	5
	10a	+18,0*	+22,0	− 8,0*	− 5,0*	7
Temazepam	10	+ 5,9	− 2,5	−12,2	+ 1,9	4
	15b	+ 4,5	+ 2,2	−10,0	− 6,0	3
	20b	+ 6,4*	− 0,2	− 2,0	− 6,1	3
	20	+17,5*	+11,7*	+ 3,2	− 0,2	3
	30b	+14,9*	+ 7,0	−10,6	−16,9*	3
	40	+23,9*	+17,7*	−23,6*	−22,2*	10
	60	+32,6*	+21,7*	−12,4*	−22,6*	10
Flunitrazepam	1,0a	+16,0*	+ 0,2*	− 3,0	− 5,5	6
	1,0	+ 2,0	+13,0	− 3,0	+ 3,0	17
Flurazepam	15	+ 6,5*	+10,4*	− 7,9*	− 0,1	6
	15	+ 9,0*	+11,0*	+11,0*	0,0	6
Triazolam	0,25	+ 7,0	+14,0	+ 2,0	0,0	+
	0,5a	+19,0*	+10,0*	−17,0*	− 4,0	7
Diazepam	5	+ 2,8	+ 0,1	+ 0,8	+ 1,1	+
	10	+ 5,8	+ 3,7	+ 0,9	+ 0,8	+

* $p < 0{,}05$
+ in Vorbereitung
a = nach zwei Folgenächten
b = Hartgelatinekapsel: Alle anderen Temazepam-Ergebnisse wurden mit dem Weichgelatinepräparat (Scherer) erzielt.
Keine Angabe hinter der Dosierung bedeutet eine einmalige Substanzeinnahme.

auf die Befindlichkeit am frühen Morgen, während die Daten in Tab. 3 eine Darstellung der Wirkungen von Benzodiazepinen in klinischen Situationen sind, wo die Fragebogenwerte durch komplexere Wechselwirkungen bestimmt sind.

Alle Probanden waren in guter körperlicher Verfassung, ohne Herz-, Leber-, Nieren-, Magen- oder Geistesstörungen. Sie waren zwischen 19 und 59 Jahre alt und beiderlei Geschlechts. Alkohol war während der Versuchsdauer nicht erlaubt, und der Konsum von koffeinhaltigen Getränken wurde in den meisten

Tab. 2: Veränderungen der Werte des Leeds-Schlaffragebogens nach wiederholten abendlichen Gaben verschiedener Benzodiazepine (schlafgesunde Probanden)

Substanz	Dosierung (in mg)	Leeds-Schlaffragebogen				
		Einschl. latenz	Schlafqualit.	Aufwachqualität	Befindlichkeit	Literatur
Nitrazepam	5c	− 0,4	+10,3	−11,9*	− 6,9	9
	10c	+14,0	+16,0	−16,0*	− 7,0*	9
Temazepam	10c	+ 2,5	+ 3,7	+ 1,4	− 1,8	4
	20c	+16,2*	+ 3,7	− 3,8	− 1,2	4
	30c	+20,5*	− 2,0	− 7,1*	− 9,9*	4
	40c	+22,7*	+30,7*	−24,9*	−22,2*	10
	60c	+21,3*	+22,4*	− 9,9*	−13,1*	10
Flunitrazepam	1,0c	+26,0*	− 2,4*	− 6,2	− 5,1	6
	1,0c	+ 3,0	+17,0*	− 6,0*	+ 5,0	17
Flurazepam	15d	+13,0*	+16,7*	− 5,0*	− 1,3	17
	15c	+11,0*	−18,0*	− 1,0	+ 8,0	6
Triazolam	0,5c	+22,0*	+18,6*	−14,0*	+ 1,0	7
Lormetazepam	0,5f	+ 1,0	+ 4,2	− 2,0	− 4,0	+
	1,0f	+15,0*	+10,2*	−10,1	− 7,8	+
	2,0f	+14,0*	+ 9,1*	− 2,5	− 5,0	+
Diazepam	5e	+25,6*	+27,4*	−14,0*	−16,1*	+

* p < 0,05
+ in Vorbereitung
c = am Morgen nach 4 aufeinanderfolgenden abendlichen Gaben
d = am Morgen nach 3 aufeinanderfolgenden abendlichen Gaben
e = am Morgen nach 3 Tagen mit täglich dreimaliger Gabe
f = am Morgen nach 7 aufeinanderfolgenden abendlichen Gaben

Studien kontrolliert. Begleitmedikationen außer empfängnisverhütenden Präparaten schlossen eine Teilnahme ebenso aus wie eine tatsächliche oder mögliche Schwangerschaft. Alle Probanden wurden mit der Anwendung des Fragebogens vertraut gemacht. Der Fragebogen wurde stets in Verbindung mit anderen objektiven Bewertungen von Schlaf und morgendlicher Befindlichkeit verwandt.

Die Ergebnisse der Patientenstudien (Tab. 3) wurden durch Plazebo kontrolliert, außer wenn dies aus ethischen und pragmatischen Überlegungen nicht möglich war. Die Patientengruppen, die in diese Untersuchungen einbezogen wurden, waren unterschiedlich: Unter ihnen waren solche aus Allgemeinpraxen, denen Benzodiazepine gegen Schlafstörunen oder ähnliche Probleme verordnet wurden, chronisch schlafgestörte Patienten, die auf andere medikamentöse Therapien nicht ansprachen sowie ältere hospitalisierte Kranke.

Tab. 3: Patientenbeurteilungen abendlicher Benzodiazepingaben auf dem Leeds-Schlaffragebogen unter Berücksichtigung der Prämedikations- oder Plazebowerte

Substanz	Dosierung (in mg)	Leeds-Schlaffragebogen				
		Einschl. latenz	Schlaf- qualit.	Aufwach- qualität	Befind- lichkeit	Lite- ratur
Nitrazepam	2,5g	+16,0	+18,0*	− 7,0	− 8,0	15
	2,5h	+29,0*	+19,0*	− 3,0	− 8,0	15
	5,0i	+21,0*	+18,0*	+18,0*	+15,0	5
	5,0j	+12,0	+13,0	+31,0*	+19,0	5
Temazepam	20i	+23,0*	+18,0*	+ 4,0	+ 2,0	11
	20i	+25,0*	+20,0*	+ 7,0	+ 5,0	1
	20j	+17,0*	+11,0	+ 1,0	+ 3,0	11
	40i	+31,0*	+25,0*	− 3,0	+ 1,0	1
	60i	+32,0*	+24,0*	+ 1,0	+ 2,0	1
Triazolam	0,125g	+30,0*	+29,0*	− 2,0	− 2,0	15
	0,125h	+22,0*	+22,0*	− 1,0	− 1,0	15
	0,5i	+17,0	+17,0	+ 2,0	+ 2,0	11
	0,5j	+12,0	+12,0	+ 6,0	− 2,0	11
Flunitrazepam	0,5g	+25,0*	+23,0	+23,0	+15,0	11
	0,5k	+24,0	+20,0	+20,0	+19,0	11
	0,5i	+29,0*	+13,0	+11,0	+ 5,0	11
Flurazepam	15i	+ 2,0	+17,0	+ 5,0	+ 8,0	11
	15j	− 1,0	+ 6,0	+ 8,0	+ 2,0	11

* $p < 0,05$
g = am Morgen nach einmaliger abendlicher Gabe
h = am Morgen nach 5 aufeinanderfolgenden abendlichen Gaben
i = am Morgen nach 7 aufeinanderfolgenden abendlichen Gaben
j = am Morgen nach 14 aufeinanderfolgenden abendlichen Gaben
k = am Morgen nach 4 aufeinanderfolgenden abendlichen Gaben

Die Wirkung von Benzodiazepinen auf den Faktor „Einschlaflatenz"

Die Benzodiazepine haben ein inhärentes, sedatives Potential; die sedativen Wirkungen steigen mit der Erhöhung der Dosis. Da die Probanden der in den Tabn. 1 und 2 dargestellten Versuche keine Einschlafstörungen hatten, können die signifikanten Besserungen der Einschlafwerte als Auswirkungen der pharmakologischen Aktivität der verschiedenen Benzodiazepine angesehen werden.
Dieser dosisbezogene Effekt ist nach der Verabreichung von Temazepam deutlich, wo eine signifikante Verbesserung der Einschlaflatenz bei Gaben von

20 mg und mehr auftrat. Eine angemessene, dosisbezogene Verbesserung der Einschlaflatenz wird auch bei Nitrazepam festgestellt, selbst wenn nicht alle Ergebnisse nach einer Akutdosis von 5 mg statistisch signifikant sind. Akutdosen von 0,5 mg Triazolam, 15 mg Flurazepam und 1 mg Flunitrazepam unterscheiden sich signifikant von Plazebo in bezug auf eine Verbesserung der Einschlaflatenz. Es müssen jedoch noch weitere Dosierungen untersucht werden, bevor genaue Aussagen über die Dosisabhängigkeit der sedativ-hypnotischen Wirkung gemacht werden können.

Das Fehlen deutlicher Veränderungen bei den Einschlaflatenzen nach Akutgaben einiger Substanzen bedeutet jedoch nicht, daß diese keine schlaffördernden Eigenschaften hätten. Die verwendeten Dosierungen könnten unterschwellig gewesen sein, oder die Daten eines bestimmten Versuchs könnten nicht zuverlässig genug sein. Dies ergibt die Notwendigkeit, zum einen Informationen mehrerer Versuche einzuholen, zum anderen die Aussagekraft des Fragebogens mit anderen, nichtsubjektiven Messungen zu vergleichen.

Die Ergebnisse wiederholter Gaben von Benzodiazepinen auf die Einschlaflatenzwerte sind variabler als die nach Akutdosen (Tab. 2). Ein Vergleich der Ergebnisse ist wegen der unterschiedlichen Dosen schwierig. Alle in Tab. 2 aufgeführten Daten stammen aus plazebokontrollierten Studien, und die Ergebnisse korrelieren mit objektiven Messungen, die zur gleichen Zeit durchgeführt wurden. Bei Temazepam besteht eine gute Übereinstimmung zwischen den Änderungen der Einschlaflatenz nach Einmal- und Mehrfachdosierungen, wobei abendliche Mengen unter 20 mg keine signifikanten schlaffördernden Wirkungen zeigten. Lormetazepam weist signifikante Verbesserungen der Einschlaflatenzen nach 1 und 2 mg über sieben Nächte hin auf. Wie aufgrund ihrer klinischen Wirkung nicht anders zu erwarten, zeigten 1 mg Flunitrazepam, 0,5 mg Triazolam und 5 mg Diazepam signifikant schlaffördernde Effekte.

Die Wirkung von Benzodiazepinen auf den Faktor „Schlafqualität"

Nach einer Einmalgabe bewirken die meisten Substanzen mit signifikant schlafförderndem Effekt auch nachweisbare Verbesserungen der subjektiv empfundenen Schlafqualität. Wiederholte Gaben von 1 oder 2 mg Lormetazepam, 15 mg Flurazepam, 5 mg Diazepam und 0,5 mg Triazolam verbessern die Einschlaflatenz und die Schlafqualität eindeutig. Die Verbesserung der Einschlaflatenz wird aber nach einmaliger Gabe von 20 oder 30 mg Temazepam nicht von erkennbaren Steigerungen der Schlafqualität begleitet.

Die Wirkung von Benzodiazepinen auf die Befindlichkeit am Morgen

Die psychologischen und pharmakologischen Überhangerscheinungen nach abendlichen Gaben von Benzodiazepinen spiegeln sich in den Faktoren „Aufwachqualität" und „Befindlichkeit" des Fragebogens wider. Ein eindeutiger Hangover, veranschaulicht durch die Beeinträchtigung der Aufwachqualitäts- und Befindlichkeitswerte, findet sich häufiger in Verbindung mit deutlichen Verbesserungen der Werte „Einschlaflatenz" und „Schlafqualität". Signifikante Verschlechterungen der Aufwachqualität oder der Werte der Befindlichkeit treten z. B. nach einmaligen Gaben von 15 mg Flurazepam, 5 mg Nitrazepam, 0,5 mg Triazolam und 30 mg Temazepam auf. Die wiederholte abendliche Einnahme von 5 und 10 mg Nitrazepam, 30, 40 oder 60 mg Temazepam sowie 5 mg Diazepam erzeugt eine wesentliche Verschlechterung der Aufwachqualität und der Befindlichkeitswerte. Ebenso sind wiederholte Gaben von 1 mg Flunitrazepam, 15 mg Flurazepam und o,5 mg Triazolam mit einer Verschlechterung dieser Werte verbunden.

Die Wirkung von Benzodiazepinen auf die Fragebogenwerte bei gesunden Probanden

Durch die Analyse der Wirkungen von Einmal- und Mehrfachgaben auf die vier Faktoren des Leeds-Fragebogens lassen sich Hypnotika, die nur schlaffördernde und schlafverbessernde Eigenschaften besitzen, von solchen abgrenzen, die noch einen Hangover hervorrufen. So zeigt Nitrazepam bei Dosierungen von 5 oder 10 mg deutlich schlaffördernde und -verbessernde Eigenschaften, doch sind diese gemeinhin mit einem Hangover verbunden. 20 mg Temazepam zeigt sowohl bei der Einschlaflatenz als auch bei der Durchschlafqualität signifikante Verbesserungen der Werte im Schlaffragebogen ohne Verschlechterungen beim Aufwachen und in den Werten der Befindlichkeit. Abendliche Dosen von mehr als 20 mg verbessern die Einschlaflatenz und die Schlafqualität ebenfalls, verschlechtern jedoch nun die Qualität beim Aufwachen und die Befindlichkeit am Morgen.

Patientenbeurteilungen nach abendlichen Gaben von Benzodiazepinen

Die Tab. 3 zeigt, daß Patienten die meisten untersuchten Dosierungen als ein- und durchschlafverbessernd einstufen (etwa 64 % der Medikament- und Vorwertvergleiche erreichen statistische Signifikanz). Diese deutliche Schlafverbesserung durch Benzodiazepine wird bei einer Beeinträchtigung von nur 6,8 % der Werte der „Aufwachqualität" und der „Befindlichkeit" erreicht.

Das Ausbleiben von Überhangwirkungen bei den Patienten nach 40 und 60 mg Temazepam steht im Gegensatz zu den Ergebnissen bei gesunden Probanden unter ähnlichen Dosierungen. Die Patientenpopulation bestand aus chronisch Schlafgestörten, die vielleicht meinten, daß der frühmorgendliche Hangover im Vergleich zu den ausgeprägten schlaffördernden und -verbessernden Wirkungen der Substanz unerheblich seien.

Die Überhangwirkungen bei 5 mg Nitrazepam, die die Patienten feststellten, differierten nicht wesentlich von den an Probanden erzielten Daten; 0,5 mg Flunitrazepam scheint von Praxispatienten als wirksames Schlafmittel angesehen zu werden und ruft keinen Hangover hervor.

Obgleich die meisten Benzodiazepine schlaffördernde und -verbessernde Eigenschaften haben, führen nicht alle den Schlaf durch eine sedativ-hypnotische Bewußtlosigkeit herbei. Sogar Benzodiazepine mit gleichstarken schlaffördernden und -verbessernden Eigenschaften weisen Unterschiede bezüglich der Beeinträchtigung von Leistung am frühen Morgen und Befindlichkeit auf. Die meisten der hier besprochenen Benzodiazepine haben jedoch signifikant schlaffördernde und/oder -verbessernde Eigenschaften, was sich an den gleichgerichteten Werten für die Einschlaflatenz und die Schlafqualität gegenüber einer dosisbezogenen Baseline zeigen läßt.

Die schlaffördernden und -steigernden Eigenschaften von 1 und 2 mg Lormetazepam, 0,5 mg Flunitrazepam, 20 mg Temazepam und 0,125 mg Triazolam rufen keine Überhangwirkungen auf die Leistung am frühen Morgen hervor. Im Gegensatz dazu fördern und verbessern Nitrazepam und — in einem geringerem Ausmaß — Diazepam und Flurazepam den Schlaf nur über eine Beeinträchtigung der Werte von „Aufwachqualität" und „Befindlichkeit" am Morgen. Diese Befunde bestätigen frühere Arbeiten, in denen gezeigt wurde, daß bei einigen Benzodiazepinen eine verbleibende Müdigkeit ein unumgängliches Merkmal der Therapie ist, obwohl dieser Überhang gewöhnlich weniger von den Patienten als von den gesunden Probanden empfunden wird.

Eine Sedierung am Tage nach der abendlichen Benzodiazepinverabreichung könnte bei Krankenhauspatienten im klinischen Interesse liegen. Demgegenüber kann ein Hangover und Müdigkeitsgefühl bei ambulanten Patienten einem Unfallrisiko gleichkommen. Insbesondere ältere Kranke, Autofahrer oder Patienten, die eine Maschine bedienen müssen, sind besonders gefährdet. Die hier besprochenen Ergebnisse verdeutlichen wichtige Unterschiede zwischen den Benzodiazepinen bezüglich der Wirkungen auf die subjektiven Aspekte des Schlafes und der Befindlichkeit am frühen Morgen, wie dies die Erhebungen mit Hilfe des Leeds-Fragebogens zeigen. Unterschiede bei Substanzen mit gleich starken schlaffördernden und -verbessernden Eigenschaften in ihren negativen Auswirkungen auf die morgendliche Befindlichkeit sind

Tab. 4: Die Wirkung abendlicher Einmaldosen von Benzodiazepinen auf die psychomotorischen Leistungen am nächsten Morgen unter Berücksichtigung von Plazebokontrollen

Substanz		Reaktionszeit (in ms)	Flickerverschmelzungsfrequenz (in Hz)
Nitrazepam	2,5 mg	−16	−0,4
	5,0 mg	+30	−0,5
	10,0 mg	+42 (p<0,02)	−1,3
Flunitrazepam	1,0 mg	+11	−0,1
Lormetazepam	0,5 mg	−13	+0,1
	1,0 mg	+12	−0,5
	2,0 mg	− 5	−0,6
Loprazolam	0,5 mg	−20 (p<0,001)	−0,3
	1,0 mg	+10	−0,5
	2,0 mg	0	0
Temazepam	10,0 mg	+ 2	+0,2
	20,0 mg	+ 4	+0,2
	30,0 mg	+22 (p<0,05)	−1,1 (p<0,05)
	40,0 mg	+27 (p<0,0001)	No data
	60,0 mg	+ 9 (p<0,05)	No data
Triazolam	0,5 mg	−27	+1,0
Midazolam	5,0 mg	−18	0
	10,0 mg	−20	0
	15,0 mg	+ 7	0
	20,0 mg	+34	0

nicht nur für die klinische Anwendung bei Patienten mit Angstzuständen und Schlafproblemen wichtig, sondern auch für den Gebrauch von Benzodiazepinen bei Nichtpatienten.

Überhangwirkung auf die psychomotorische Aktivität

Pharmakologische Überhangaktivitäten, die direkt auf die Substanz oder ihre aktiven Metabolite zurückzuführen sind, können das morgendliche Verhalten störend beeinflussen. Außerdem kann eine verbleibende Schläfrigkeit während des Tages, die zu häufigen Nickerchen und kurzen Schläfchen führt, am Abend Probleme beim Einschlafen hervorrufen. Es ist leicht zu erkennen, wie sich ein Circulus vitiosus entwickeln kann, wenn das Schlafproblem eine direkte Folge der Überhangerscheinung ist. Das Ausmaß der Überhangeffekte von Hypnotika zu ermitteln ist ein Problem der angewendeten Methoden

Tab. 5: Die Wirkung wiederholter abendlicher Benzodiazepingaben auf die psychomotorischen Leistungen am nächsten Morgen unter Berücksichtigung von Plazebokontrollen

Substanz		Reaktionszeit (in ms)	Flickerverschmelzungsfrequenz (in Hz)
Nitrazepam	5,0 mg	+11 (p<0,05)	−0,1
	10,0 mg	+15 (p<0,02)	−0,6
Flunitrazepam	1,0 mg	+33	No data
Flurazepam	15,0 mg	No data	−1,0
Lormetazepam	0,5 mg	−14	+0,3
	1,0 mg	−12	0
	2,0 mg	+ 3	+0,5
Loprazolam	0,5 mg	−10	+0,5
	1,0 mg	0	−0,2
Temazepam	10,0 mg	+ 5	−0,1
	20,0 mg	+ 8	−0,2
	30,0 mg	+20 (p<0,05)	−1,0 (p<0,05)
	40,0 mg	+22 (p<0,001)	+0,2*
	60,0 mg	+3	+0,1*
Triazolam	0,5 mg	−14	+1,0

* Ergebnisse von Patienten

sowie der Vergleich mit plazebokontrollierten Studien. Eine Diskussion der verschiedenen Methoden ist in diesem Beitrag nicht vorgesehen. Die Brauchbarkeit der hier verwandten Reaktionszeitmessungen und der Flickerverschmelzungsfrequenz zeigen die beiden Tabn. 4 und 5. Sie fassen die morgendlichen Effekte einer Reihe am Vorabend verabreichter Benzodiazepine zusammen. Alle Studien sind plazebokontrolliert und bedienten sich vergleichbarer Untersuchungsmethoden und Behandlungsformen. In diesem Sinne sollen die Tabellen lediglich den Nutzen dieser beiden Verfahren zur Beschreibung der Leistung und Befindlichkeit demonstrieren.

Überhangwirkung auf die Informationsverarbeitung und das Gedächtnis

Wenn die Flickerverschmelzungsfrequenz ein Index für die Informationsverarbeitung wäre, so könnten wir erwarten, daß Medikamente, die hier eine große Wirkung zeigen, auch einen ähnlichen Einfluß auf Tests des „Arbeits-" oder „Kurzzeitgedächtnisses" haben. Die Tab. 6 veranschaulicht die Wirkun-

Tab. 6: Auswirkungen oraler Benzodiazepingaben auf das menschliche Gedächtnis

	Dosis (mg)	Ergebnisse
Alprazolam	1×1	sofortige Wiedergabe ✓
Bromazepam	6 t.i.d.×14	Nonsens-Silben ✓, Ziffernspanne
Clobazam	10×1,20×1	Telefonnummern=, Trigramme=, Stadtplan=,
	30×1	Wortwiedergabe ✓
	40×1,60×1	Ziffern rückwärts ✓
	10 t.i.d.×28	Objektwiedergabe =
Clorazepate	7,5×1	verzögerte Wortwiedergabe=
	15×1	sofortige Wiedergabe=
Diazepam	5×1	Telfonnummern ✓, Buchstaben-wiedergabe ✓, Ziffernwieder-gabe ✓, Bildwiedergabe ✓, Ziffern rückwärts ✓
	10×1	Ziffern rückwärts ✓, Assoziations-paare ✓, Telefonnummern ✓
	20×1	Wiedergabe nach Hinweis ✓, Wiedererkennen von Bildern ✓, Telefonnummern ✓
	30×1	Telefonnummern ✓, Ziffern rückwärts ✓
	10×3	Assoziationspaare ✓, Geometrische Figuren ✓, Wiedererkennen von Gesichter-, Assoziationspaare ✓ (nach einem Tag), Assoziations-paare = (nach 14 Tagen)
Flunitrazepam	0,5×1	Wiedererkennen von Bildern ✓
	1×1	Bildwiedergabe ✓, Sternberg ✓
	2 Nächte × 3	Wiedergabe am Morgen
	15 Nächte × 1	Ziffern rückwärts ✓, Wort/Nummernpaare ✓
	30 Nächte × 1	Wiedergabe einer Aufgabe ✓, verzögerte Wiedergabe ✓
	30 Nächte × 6	Wiedererkennen einer Aufgabe ✓
Loprazolam	1×1	Wiedergabe von Adressen/Namen ✓
Lorazepam	1×1	Sternberg ✓, Wortwiedergabe ✓
	2 × 1	verzögerte Wiedergabe ✓
	2,5×1	Assoziationspaare ✓, Ziffern-spanne ✓, Wiedererkennen
	3×1	Wortwiedergabe ✓, geometrische Muster ✓
	4×1	Wiedererkennen von Bildern ✓
	1 t.i.d.×28	Objektwiedergabe ✓

	Dosis (mg)	Ergebnisse
Lormetazepam	1,5 Nächte × 2	sofortige Wiedergabe=, verzögerte Wiedergabe ✗
	1 Nacht × 1	Sternberg=
	1 Nacht × 1	Telefonnummern=
Metaclazepam	5×1	Telefonnummern=, Ziffernwiedergabe=
	10×1	Telefonnummern ✗, Ziffernwiedergabe ✗
	20×1	Telefonnummern ✗, Ziffernwiedergabe ✗
Midazolam	15×1	sofortige Wiedergabe ✗, verzögerte Wiedergabe ✗
Nitrazepam	5×1	Ziffernspanne ✗, Wortwiedergabe=
	5 Nächte × 1	Ziffern rückwärts ✗, Telefonnummern ✗
Temazepam	10×1	Ziffernwiedergabe=, Assoziationspaare=
	20×1	Assoziationspaare ✗, Ziffern rückwärts ✗, Telefonnummern ✗
	30 Nächte × 2	Wiedererkennen von Aufgabe ✗
Triazolam	0,25 Nächte × 1	Sternberg ✗, Ziffern rückwärts ✗, Telefonnummern ✗
	0,5 Nächte × 1	Wiedererkennen von Aufgaben ✗, Wortwiedergabe ✗, Worterinnerung ✗
	0,25 Nächte × 6	Wiedererkennen von Aufgaben ✗
	0,5 Nächte × 6	Wiedererkennen von Aufgaben ✗
Zopiclone	7,5 Nächte × 1	Sternberg=, Telefonnummern=, Ziffern rückwärts=

✗ signifikante (unter Berücksichtigung von Kontroll- und/oder Ausgangszustand) Beeinträchtigung von Gedächtnisaufgaben;
= kein Unterschied zum Kontrollzustand

gen verschiedener Dosierungen von Benzodiazepinen auf das Kurzzeitgedächtnis, gemessen auf unterschiedliche Weisen (2). Das ganze Bild wird etwas komplex, weil es kleine, aber doch bedeutende Unterschiede bei den einzelnen Studien gibt, sei es, daß einmal Patienten, das andere Mal Probanden untersucht wurden oder daß die Zeitpunkte oder die Art der Gedächtnistests verschieden waren. Es ist jedoch offensichtlich, daß Alprazolam, Diazepam, Flunitrazepam, Flurazepam, Lorazepam, Midazolam und Triazolam stärkere mnestische Störungen bewirken, und zwar mit Sicherheit ausgeprägtere als Bromazepam,

Clorazepat, Loprazolam, Metaclazepam, Nitrazepam und Temazepam. Clobazam — insbesondere nach wiederholten Gaben —, Lormetazepam und Zopiclone haben innerhalb der empfohlenen Dosierungen eine noch schwächere Wirkung auf das Gedächtnis. Insgesamt zeigt die Tab. 6 jedenfalls eine gute Übereinstimmung zwischen den Wirkungen der Benzodiazepine auf den Flickerverschmelzungstest und auf auf die mnestischen Störungen.

Schlußbemerkungen

Aus den vorliegenden Informationen geht hervor, daß die Schlafmittel sich im Ausmaß der hervorgerufenen Überhangeffekte unterscheiden. Die verordnenden Ärzte müssen sich bewußt sein, daß Hypnotika, die eine auf den Tag übergreifende Restwirkung mit Beeinträchtigung bestimmter Funktionen auch das Gleichgewicht der Schlaf-Wach-Zyklik berühren und der Therapie zuwiderlaufen können. Es ist auch wichtig, das Vorhandensein oder das Ausbleiben solcher Wirkungen festzuhalten sowie ihre Dauer und die Eliminationshalbwertszeiten zu beachten. So ist einleuchtend, daß Substanzen, die bei wiederholter Gabe kumulieren, z. B. solche mit Eliminationshalbwertszeiten von mehr als 24 Stunden, größere pharmakologische Überhangseffekte aufweisen werden. Das Umgekehrte trifft jedoch nicht zwingend zu. So zeigen einige Substanzen mit kurzen Eliminationseigenschaften profunde Störungen mnestischer Funktionen von einer Dauer der mehrfachen Eliminationsrate.
Schlafmittel müssen bei klinischer Anwendung aufgrund ihrer klinischen Brauchbarkeit und Wirksamkeit sowie aufgrund ihrer Wirkungsdauer beurteilt werden. Da die üblichen Schlafmittel in ihrer hypnotischen Wirkung relativ gleich sind, muß das wirksamste Mittel unter Berücksichtigung der Überhangerscheinungen ausgewählt werden.
Es ist überflüssig, darauf hinzuweisen, daß mehr kontrollierte, großangelegte Studien durchgeführt werden sollten, um diese vorsichtigen Schlußfolgerungen zu stützen, denn es würde sich zeigen, daß die Methode der Flickerverschmelzungsfrequenz sehr geeignet ist, um die Wirkung von Benzodiazepinen auf die Informationsverarbeitungsprozesse zu bestimmen, und damit hilfreich ist, um die Auswirkungen auf das Kurzzeitgedächtnis abzuschätzen. Inwieweit sich die Flickerverschmelzungsfrequenz für die psychopharmakologische Forschung als nützlich erweist, wird davon abhängen, ob die vorliegenden Befunde in der Praxis bestätigt werden können. Es ist deshalb zu empfehlen, daß die Flickerverschmelzungsfrequenz als Methode künftig stärker in entsprechende Studien einbezogen wird.

Literatur

1 CARRINGTON EA, HINDMARCH I. The effects of 20, 40 and 60 mg temazepam (Euhypnos) on the sleep and early morning performance of patients. IRCS J Med Sci 1980, 8: 406—407.

2 CURRAN HV. Tranquilizing memories: A review of the effects of benzodiazepines on human memory. Biol Psychol 1986, 23: 179—213.

3 HINDMARCH I. A 1,4 benzodiazepines, temazepam: its effect on some psychological parameters of sleep and behaviour. Arzneimittelforschung (Drug Research) 1975, 25: 1836—1839.

4 HINDMARCH I. A sub-chronic study of the subjektive quality of sleep and psychological measures of performance the morning following night-time medication with temazepam. Arzneimittelforschung (Drug Research) 1976, 26: 2113—2115.

5 HINDMARCH I. A repeated dose comparison of three benzodiazepine derivatives (nitrazepam, flurazepam and flunitrazepam) on subjective appraisals of sleep and measures of psychomotor performance the morning following night-time medication. Acta Psychiatr Scand 1977, 56: 373—381.

6 HINDMARCH I, PARROTT AC, ARENILLAS LA. A repeated dose comparison of dichloralphenazone, flunitrazepam and amylobarbitone sodium on some aspects of sleep and early morning behaviour in normal subjects. Br J Clin Pharmacol 1977, 4: 229—233.

7 HINDMARCH I, CLYDE CA. The effects of triazolam and nitrazepam on sleep quality, morning vigilance and psychomotor performance. Arzneimittelforschung (Drug Research) 1980, 30: 1163—1166.

8 HINDMARCH I, PARROTT AC. The effects of combined sedative and anxiolytic preparations on subjective aspects of sleep and objectiv measures of arousal and performance the morning following nocturnal medication. In: Acute doses. Arzneimittelforschung (Drug Research) 1980, 30: 1025—1028.

9 HINDMARCH I, PARROTT AC. The effects of combined sedative and anxiolytic preparations on subjective aspects of sleep and objective measures of arousal and performance the morning following nocturnal medication. II: Repeated doses. Arzneimittelforschung (Drug Research) 1980, 30: 1167—1170.

10 HINDMARCH I, PARROTT AC, HICKEY BJ, CLYDE CA. An investigation into the effects of repeated doses of temazepam (40 mg, 60 mg) on aspects of sleep, early morning behaviour and psychomotor performance in normal subjects. Drugs Exp Clin Res 1980, 6: 399—406.

11 HINDMARCH I. Hypnotics and residual sequelae. In: Nicholson AN (Hrsg). Hypnotics in clinical practice (Medicine Publishing Foundation Symposium Series 7). Medicine Publishing Foundation: Oxford 1982: 7—15.

12 HINDMARCH I, OTT H. Sleep, benzodiazepines and performance: issues and comments. In: Hindmarch I, Ott H (Hrsg). Sleep, benzodiazepines and performance: experimental methodologies and research prospects. Psychopharmacol., Suppl. 1. Springer Verlag: Heidelberg 1984: 58—69.

13 HINDMARCH I. Psychological performance models as indicators of the effects of hypnotic drugs on sleep. In: Kubicki St, Herrmann WM (Hrsg). Methods of sleep research. Gustav-Fischer-Verlag: Stuttgart 1985: 109—117.

14 HINDMARCH I, OTT H. Benzodiazepine receptor ligands, memory and information processing: issues, comments and prospects. In: Benzodiazepine receptor ligands, memory and information processing. Psychometric, psychopharmacological and clinical issues. Psychopharmacol. Series 6. Springer Verlag: Heidelberg 1988: 227—284.

15 MURPHY P, HINDMARCH I, HYLAND M. Aspects of short-term use of two benzodiazepine hypnotics in the elderly. Age and ageing 1982, 11: 222—228.

16 NICHOLSON AN, STONE BM, CLARKE CH. Effect of diazepam and fosazepam (a soluble derivative of diazepam) on sleep in man. Br J Clin Pharmacol 1976, 3: 533—541.

17 PARROTT AC, HINDMARCH I. The Leeds Sleep Evaluation Questionnaire in psychopharmacological investigations — a review. Psychopharmacol 1980, 71: 173—179.

Diskussion Hindmarch

Vorsitzender:
Darf ich um Diskussionsbemerkungen zum Vortrag von Herrn Hindmarch bitten.

Frage:
Ich würde gerne wissen, wie die Ergebnisse Ihrer Tests an schlafgestörten Patienten mit denen an gesunden Probanden zu vergleichen sind.

Hindmarch:
Nun, wir haben weit mehr Erfahrungen mit gesunden Probanden als mit Patienten. Das liegt an unseren vorrangigen Forschungsinteressen, die im wesentlichen auf die Psychopharmakologie ausgerichtet sind. Dennoch haben wir in den letzten vier bis fünf Jahren mit unseren Tests auch Erfahrungen an zwei- bis dreihundert Patienten gesammelt, die jedenfalls Schlafstörungen aufwiesen, die eine Verschreibung von Schlafmitteln rechtfertigten. Die Ergebnisse mit dieser großen Population sind die gleichen wie an Probanden.
Ein vorrangiges Interessengebiet ist für uns die Bestimmung der Auswirkungen von Medikamenten auf amnestische Leistungen. Da sehen wir, daß diesbezüglich die Wirkungen bei Gesunden wie bei schlafgestörten Patienten völlig gleich sind. Im übrigen bekamen die gesunden wie die kranken Probanden jedesmal eine Amnesie, wenn das Medikament verabreicht wurde. Warum nun aber einige Benzodiazepine eine amnestische Wirkung hervorrufen und andere nicht, das ist eine sehr wichtige Frage, die ich aber derzeit nicht beantworten kann. Es besteht zwar ein gewisses Verhältnis zur Dosierung, doch handelt es sich nicht um eine einfache Funktion. Die Wirkungen der Medikamente auf das Gedächtnis sind anscheinend unabhängig von der gleichzeitigen Auswirkung auf die Gesamtbefindlichkeit. Um diese Erfahrungen zu sammeln, ist es aber gleichgültig, ob Sie Patienten oder Probanden zu den Tests heranziehen.

Frage:
Erlauben Sie eine Frage zur Dosierung. Sie zeigten auf einem Bild, daß Sie die Beeinträchtigung des Gedächtnisses bei 1 mg Lormetazepam getestet haben. Wurden von Ihnen auch andere Dosierungen verwendet, und gibt es Beziehungen zwischen Dosis und Wirkung?

Hindmarch:
Ja! Wir haben bei Lormetazepam einen Dosierungsbereich von 0,5—2 mg untersucht. Bei Erreichung der oberen Dosis ist eine amnestische Beeinträch-

tigung zu erkennen. Typischerweise beginnt diese nach etwa 45 Minuten und dauert einige Stunden an. Dagegen war es nicht möglich, bei Dosierungen bis zu 2 mg Lormetazepam Residualwirkungen auf das Gedächtnis zu erkennen. Am Tage konnten wir nur eine sehr kurze Beeinträchtigung feststellen. Sie scheint jedenfalls keine zehn oder zwölf Stunden anzuhalten. Der längste Zeitraum, den wir beobachten konnten, umfaßte allenfalls vier bis sechs Stunden, was — wenn das Medikament vor dem Schlafen gegeben wird — keine nachteilige Wirkung wäre.

Frage:
Gibt es eigentlich irgendwelche Daten über besondere Wirkungen dieser Substanzen auf das Gedächtnis bei Langzeitmedikationen? Gibt es irgendeinen Hinweis auf eine Anpassung an diese Beeinträchtigungen des Gedächtnisses?

Hindmarch:
Wir fanden bei einer Gabe von Lorazepam über 28 Tage, daß die Leistung des Kurzzeitgedächtnisses — gemessen anhand einer Objektwiedererkennungsaufgabe — fortlaufend beeinträchtigt war. Diese unerwünschten Effekte bei wiederholten Gaben sind jedoch bis zu einem gewissen Punkt durchaus zu tolerieren, und das kann nach unseren Erfahrungen einen Zeitraum bis zu einigen Jahren bedeuten.

Frage:
Sie sprachen über Beziehungen zwischen Halbwertszeit und Wirkung. Bezieht sich das auf alle Effekte oder nur auf bestimmte?

Hindmarch:
Ich glaube nicht, daß die Eliminationshalbwertszeit die klinische Wirkungsdauer klar wiedergibt. Wenn Sie beispielsweise drei Dosen eines Medikamentes verabreichen — sagen wir 1, 5 und 20 mg Nitrazepam —, so bleibt die Eliminationshalbwertszeit stets die gleiche. Bei 1 mg hätten Sie aber überhaupt keine klinische Wirkung. Bei 20 mg würde Ihr Patient vielleicht vierundzwanzig Stunden lang schlafen. Bei 5 mg würde jemand wohl etwa acht Stunden schlafen und noch für weitere vier Stunden schläfrig sein. Sie haben also drei völlig verschiedene klinische Wirkungen mit dem gleichen Medikament, mit der gleichen Eliminationshalbwertszeit. Deshalb kann ich nicht verstehen, warum man die Halbwertszeiten zugrunde legt, um die klinische Wirkungsdauer zu messen.

Kriterien für die Auswahl eines Schlafmittels

I. Oswald, K. Adam

Ein gutes Schlafmittel sollte seine Wirksamkeit bei wiederholter Gabe nicht verlieren, und es sollte sicher sein. Wenn es abends eingenommen wird, sollte es nicht zu Beeinträchtigungen oder Beschwerden am nächsten Tag führen. Es sollte nicht kurzfristig die Stimmung aufhellen, da solche Medikamente zu Mißbrauch, Diebstahl und Rezeptfälschungen führen. Ein ideales Schlafmittel sollte außerdem keine Entzugssymptome verursachen. Dieses Ideal wurde jedoch bislang nicht erreicht, es sei denn, andere Nachteile wurden in Kauf genommen. Die heutigen Schlafmittel verbessern die subjektive Schlafqualität und führen — auch bei objektiver Betrachtung — zu weniger Schlaf- unterbrechungen und zu einer Verlängerung des Gesamtschlafes. Es ist zu erwarten, daß wir eines Tages messen können, wie ein Schlafmittel die Erho- lung verbessert, die mit dem Schlaf einhergeht (16).
Die Sicherheit der Benzodiazepine bedeutet, daß weniger Patienten, die Hypnotika überdosieren, dadurch vital gefährdet werden. Obwohl Mißbrauch gelegentlich vorkommt und obwohl Abhängigkeit und Entzugssymptome häufiger auftreten, sind diese Probleme in der Praxis doch weit geringer als die- jenigen, die in Zusammenhang mit den Barbituraten vor noch zwanzig Jahren auftraten. Benzodiazepine führen anscheinend nicht zu einer schnell einsetzen- den Hochstimmung, und Diebstähle aus Apotheken sind eher selten. Vor fünf- zehn Jahren pflegte ich — wie die Kliniker allgemein — zu sagen, daß alle Ben- zodiazepine gleich seien, aber dies ist nicht länger aufrecht zu erhalten. Die neueren Substanzen haben den Vorteil, daß sie schneller eliminiert werden. Die Halbwertszeit ist nicht allein entscheidend, bietet aber einen nützlichen Anhaltspunkt für die Praxis.

Benzodiazepinhypnotika bleiben wirksam

Eine einfache Untersuchungsmethode ist die visuelle Analogskala zur Mes- sung subjektiver Meinungen. Der Patient macht ein Zeichen auf einer 100 mm langen Linie, um anzugeben, wie gut er in der letzten Nacht geschlafen habe

Abb. 1: Visuelle Analogskala zur Selbstbeurteilung der Schlafqualität.

Schlafqualität

Bitte machen Sie ein Zeichen auf der Linie, um anzugeben, wie gut oder wie schlecht Sie letzte Nacht geschlafen haben. Ein Zeichen in der Mitte bedeutet eine durchschnittliche, normale Nacht, ein Zeichen auf der linken eine schlechte Nacht und ein Zeichen auf der rechten eine gute Nacht.

die schlechteste   die beste
Nacht   Nacht

|———————————————————————————————|

(Abb. 1). In einem von uns durchgeführten Forschungsvorhaben nahmen hundert schlafgestörte Patienten im Alter von 45 bis 68 Jahren über einen Zeitraum von 32 Wochen jeden Abend Tabletten ein und füllten jeden Tag die visuelle Analogskala aus (18). Die Studie war doppelblind mit der Ausnahme, daß wir wußten, daß die Patienten während der ersten und der letzten vier Wochen Plazebo erhielten. Die Patienten wurden in Gruppen aufgeteilt, wobei 25 über vier Wochen Plazebo bekamen, dann über 24 Wochen 5 mg Nitrazepam und für weitere vier Wochen wieder Plazebo. Fünfzig Patienten erhielten statt Nitrazepam 2 mg Lormetazepam und die übrigen 25 Patienten über die ganze Zeit hin nur Plazebo. Die Abb. 2 zeigt, daß die fortlaufende Einnahme von Plazebo keine Auswirkungen auf den Schlaf hatte, daß aber 2 mg Lormetazepam wie auch 5 mg Nitrazepam sofort zu einer Verbesserung der subjektiven Schlafqualität führten, die im wesentlichen während der 24wöchigen Einnahme aufrechterhalten blieb. Nach Absetzen dieser Medikamente kam es zu einem Rebound, währenddessen der Schlaf für etwa drei Wochen schlechter als vor Therapiebeginn beurteilt wurde. Dieser Rebound ist eine Folge einer gewissen Toleranzentwicklung während der Medikamenteneinnahme, die jedoch nur gering ausgeprägt zu sein scheint.
Die lang anhaltende Wirksamkeit während der Einnahme von Benzodiazepinen wurde von uns übrigens auch durch die Bestimmung von objektiven Schlaf-EEG-Parametern nachgewiesen, zum Beispiel bei wochenlanger Einnahme von 1 mg Lormetazepam bzw. 5 mg Nitrazepam (1).

Führen Schlafmittel am nachfolgenden Tag zu Beschwerden?

Schlafmittel können zu Störungen am nächsten Tag führen. Laborversuche und Fahrtests im Autosimulator werden verwendet, um Einschränkungen des

Urteilsvermögens, der Koordination und des Denkens aufzudecken. Von älteren Schlafmitteln, wie beispielsweise Flurazepam oder Nitrazepam, die eine lange Eliminationshalbwertszeit haben und kumulieren, weiß man, daß sie tagsüber Beeinträchtigungen bedingen können. Wir führten eine Studie durch, in die zwölf schlafgestörte Patienten mittleren Alters für einen Zeitraum von neun Monaten einbezogen waren. Sie nahmen — entsprechend einer nach lateinischem Quadrat vorgegebenen Reihenfolge — zu verschiedenen Zeiten vor dem Schlafengehen sechs Wochen lang Kapseln ein. Die Reihenfolge bestand aus Plazebo, drei Wochen lang 30 mg Flurazepam und dann wieder Plazebo oder statt Flurazepam je drei Wochen lang entweder 1 oder 2,5 mg Lormetazepam oder als vierte Version über die ganze Zeit hin nur Plazebo. Die Teilnehmer dienten somit als eigene Kontrollen. Während sich die Ergebnisse bei 1 mg Lormetazepam nie und bei 2,5 mg Lormetazepam kaum je von Plazebo unterschieden, führten 30 mg Flurazepam bei jedem Test zu anhaltenden Störungen über den ganzen Tag hin (17).

Schlafmittel werden in erster Linie von älteren Menschen eingenommen, und gerade diese Gruppe ist hinsichtlich der Nebenwirkungen besonders gefährdet. Temazepam ist eine Substanz, die bei kleinen Gruppen junger Männer — in

Abb. 2: Plazebo ist unwirksam; 2 mg Lormetazepam und 5 mg Nitrazepam verbessern die subjektive Schlafqualität, zeigen jedoch Rebound-Phänomene nach dem Absetzen (aus 1).

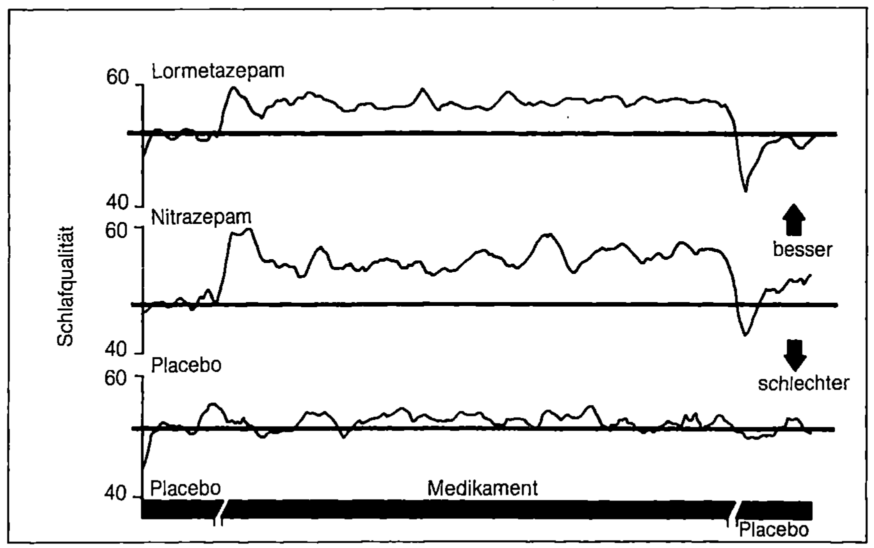

Einzeldosen verabreicht — zu keinen statistisch signifikanten Beeinträchtigungen während des nachfolgenden Tages führte. Als jedoch Cook et al. (7) 20 mg Temazepam 58 Patienten im Alter von über 65 Jahren an sieben aufeinanderfolgenden Abenden gaben, führte das zu einer definitiven Verschlechterung der Reaktionszeiten und anderer Testparameter. Diese unterschiedlichen Befunde beruhen vermutlich darauf, daß Temazepam bei älteren Menschen langsamer eliminiert wird und daß das ältere Gehirn, wie Cook et al. zeigten, auf eine bestimmte Substanzmenge empfindlicher reagiert als das jüngere.

Nach Einführung der Benzodiazepine tauchten vereinzelt Berichte auf, daß diese Substanzen tagsüber Aggressionen freisetzen können, und inzwischen ist es eine weitverbreitete Ansicht, daß Benzodiazepine, die am Tag eingenommen werden oder die noch am folgenden Tag nachwirken, genauso wie Alkohol zu einer Behinderung des sozialen Urteilsvermögens in Krisensituationen, zu einer Begünstigung von Ladendiebstählen oder zu einer Aggressionsfreisetzung führen können (6).

In unserer eigenen Doppelblindstudie mit Lormetazepam, Flurazepam und Plazebo traten im Verlauf von 450 Patientenwochen sieben Verhaltensstörungen auf, wie beispielsweise ein schwerer Autounfall oder die Beschäftigung mit Mordgedanken. Nach Auflösung des Codes ergab sich, daß alle diese ernsteren Vorfälle unter Flurazepam aufgetreten waren. Da Flurazepam während dieser 450 Patientenwochen nur 63 Wochen verabreicht worden war, konnte es sich hier nicht um einen Zufallsbefund handeln. Vielmehr mußte daraus geschlossen werden, daß ein kausaler Zusammenhang mit dem Flurazepam bestand (17).

In einer erst kürzlich durchgeführten plazebokontrollierten Studie mit ähnlichem Design verglichen wir 0,5 mg Triazolam, 0,5 und 1 mg Loprazolam miteinander. Neun Monate lang unterzogen sich unsere Patienten tagsüber aufwendigen Labortests. Die hierbei erzielten Ergebnisse waren größtenteils unauffällig. Nur am frühen Morgen gab es einige kleinere Beschwerden unter 0,5 mg Triazolam und 1 mg Loprazolam. Die Patienten wurden aufgefordert, jegliche Beschwerden, die sie festhalten wollten, zusätzlich auf der täglich auszufüllenden Analogskala niederzuschreiben. Vier von 21 berichteten über Unfälle; drei dieser Unfälle traten unter Triazolam auf. Einer betraf eine 68jährige Frau, die sich nach dreitägiger abendlicher Einnahme von Triazolam beide Beine mit einem Kessel kochenden Wassers verbrühte. Eine weitere Patientin stürzte nach 15tägiger Behandlung mit 1 mg Loprazolam und verletzte sich am Knöchel. Insgesamt wurden 26 Beschwerden während der Triazolameinnahme sowie in der Woche nach dem Absetzen beschrieben. Zwölf Beschwerden traten unter 1 mg Loprazolam auf, acht unter 0,5 mg Loprazolam und nur vier unter Plazebo, obleich letzteres über dreimal soviele

Patientenwochen hin verabreicht wurde wie beispielsweise Triazolam oder das Post-verum-Plazebo (14). Wir müssen daraus schließen, daß Informationen über subtilere Verhaltensänderungen, insbesondere wenn die Patienten nicht unter direkter Beobachtung stehen, noch wichtiger sind als Labortests. Ein einziger Kessel kochendes Wasser, der über die Beine gegossen wird — ganz abgesehen von einem eventuellen Mordversuch — ist schwerwiegender als Dutzende von negativen Zahlensymbol-Substitutionstests.

Führt ein Schlafmittel tagsüber zu Beschwerden?

Wir werden später Entzugssymptome detaillierter diskutieren, möchten hier jedoch in Erinnerung rufen, daß während der letzten Jahrhunderte Alkohol das traditionelle Schlafmittel war, und es ist eine allgemeine Erfahrung derjenigen, die jeden Abend eine große Menge Alkohol zu sich nehmen, daß sie früh aufwachen, möglicherweise mit Zittern und Spannungsgefühl, und daß sie sich während des Tages solange angespannt und ängstlich fühlen, bis sie wieder etwas Alkohol bekommen. Sie haben den Alkohol in erster Linie getrunken, um ihr Spannungsgefühl, ihre Angst und ihren schlechten Schlaf zu bessern, aber Alkohol selbst führt zu einer Fortdauer ihrer Symptome und führt zu Angstzuständen während des Tages. Trifft dies auch auf einige Schlafmittel zu? Triazolam wurde bei der Einführung in den Niederlanden in Dosierungen von 1 oder 2 mg verabreicht. VAN DER KROEF (19) berichtete daraufhin, daß Triazolam bei einigen Patienten tagsüber zu Angstsyndromen mit Realitätsverlust und zeitweiser Persönlichkeitsveränderung führte. In unserer eigenen Studie mit Triazolam und Loprazolam wurden 21 Patienten eingeschlossen, die drei Wochen lang 0,5 mg Triazolam und anschließend zwei Wochen lang Plazebo bekamen. Zu einer anderen Jahreszeit erhielten dieselben 21 Patienten mittleren Alters drei Wochen lang 1 mg Loprazolam vor dem Schlafengehen. Jeden Abend skizzierten sie auf der visuellen Analogskala, wie ängstlich sie sich während des Tages fühlten. In dieser Crossover-Studie konnte gezeigt werden, daß die Patienten tagsüber signifikant weniger ängstlich waren, wenn sie abends Loprazolam einnahmen. Wenn sie dagegen regelmäßig Triazolam vor dem Schlafengehen bekamen, wurden sie tagsüber eindeutig ängstlicher (13).
Angesichts dieser ersten Ergebnisse führten wir eine große Studie durch, um die Hypothese zu überprüfen, daß die abendliche Einnahme von 0,5 mg Triazolam tagsüber zu Angstzuständen führe. Zusammenfassend läßt sich feststellen, daß unsere Ergebnisse all das bestätigen, was VAN DER KROEF (19) bereits früher berichtete. 120 Patienten mit einem Durchschnittsalter von 53 Jahren, die nach eigenen Angaben unter Schlafstörungen litten, aber vorher

keine Medikamente eingenommen hatten, nahmen 45 Tage lang vor dem Schlafengehen eine Kapsel. Jeden Abend wurden visuelle Analogskalen ausgefüllt, um Angstgefühle zu erfassen, die tagsüber aufgetreten waren. Die Patienten wurden außerdem ermutigt, alle unangenehmen Ereignisse zu protokollieren, die tagsüber auftraten. Während der Nächte 1—15 wurden alle Patienten mit Plazebo behandelt, während der Nächte 16—40 wurde eine Doppelblindtherapie durchgeführt, d. h. entweder Placebo, 2 mg Lormetazepam oder 0,5 mg Triazolam (je 40 Patienten) gegeben. In den Nächten 41—45 wurde wieder Plazebo verabreicht. In dieser Studie verbesserten sowohl Triazolam als auch Lormetazepam die subjektive Schlafqualität signifikant. Unter Plazebo kam es zu einem allmählichen leichten Abfall der subjektiv ermittelten täglichen Angstzustände. Unter Lormetazepam traten nur geringere Veränderungen auf, wohingegen die Angstzustände unter Triazolam signifikant zunahmen, sowohl im Vergleich zu Plazebo als auch zu Lormetazepam. Die spontanen Bemerkungen wurden „blind" auf die An- oder Abwesenheit von emotionalen Beschwerden untersucht. Bemerkungen über emotionale Beschwerden waren unter der Einnahme von Triazolam eindrucksvoller und signifikant häufiger als unter Plazebo oder Lormetazepam. Unter Triazolam wurde zusätzlich über Panikzustände, Agitiertheit, Realitätsverlust und paranoide Reaktionen berichtet. Bei den Patienten, die Triazolam erhielten, kam es außerdem zu einem signifikanten Gewichtsverlust.
Unsere Befunde mit Triazolam werden durch eine Veröffentlichung von BIXLER et al. bestätigt (5), die Nebenwirkungsmeldungen an die Food and Drug Administration in den USA analysierten. Diese Analyse bezieht sich auf die gemeldeten Nebenwirkungen über einen Zeitraum von jeweils einem Jahr nach der Markteinführung von Temazepam, Flurazepam und Triazolam. Während für Flurazepam besonders häufig Nebenwirkungen (Überhangeffekte) in Form von Schläfrigkeit am folgenden Tage gemeldet wurden, zeigte sich bei Triazolam eine hohe Zahl von Angstzuständen, Agitiertheit und psychotischen Erscheinungen.

Munterkeit nach dem Aufstehen

KALES et al. (11) berichteten, ohne jedoch auf Einzelheiten einzugehen, daß sie in einer Studie mit 0,5 mg Triazolam am folgenden Tag häufiger „Spannungs- oder Angstzustände als vor Therapiebeginn" beobachteten. Zusätzlich hielten sie fest, daß Benzodiazepine, die schnell eliminiert werden wie eben Triazolam, eine „frühmorgendliche Schlaflosigkeit" verursachen können. Sie stellten fest, daß nach ein- oder zweiwöchiger abendlicher Gabe von Benzodiazepinen mit ultrakurzer Halbwertszeit — wie z. B. 20 mg Midazolam oder 0,5 mg Triazolam — wenn eine Toleranzbildung eingesetzt hatte, eine auffallende Schlaflosigkeit gegen Ende der Nacht auftrat, die als morgendliches Entzugsphänomen aufgefaßt werden kann.

KALES et al. vermuteten, daß Patienten nach Einnahme dieser Schlafmittel während der letzten beiden Nachtstunden unter stärkerer Schlaflosigkeit leiden, als wenn sie keines dieser Mittel eingenommen hätten. Wir haben unsere eigenen Daten einer größeren Zahl von Patienten in dieser Hinsicht durchgesehen und können die Aussagen von KALES et al. nicht bestätigen (15). Im Vergleich zum Plazebovorwert wurde die Schlaflosigkeit in den letzten zwei Nachtstunden der dritten Behandlungswoche weder durch 0,5 mg Triazolam noch durch 1 mg Loprazolam oder 1 mg Lormetazepam verstärkt. Wenn jedoch 30 mg Flurazepam regelmäßig abends eingenommen wurden, kam es in den letzten zwei Stunden vor dem Aufstehen zu einer signifikanten Abnahme der Schlaflosigkeit. Es ist offensichtlich, daß Flurazepam bis zum Aufstehen weiterhin eine starke Wirkung hat, und man kann nicht erwarten, daß diese Wirkung auf das Gehirn abrupt aufhört. Flurazepam muß daher zwangsläufig zu starken Wirkungen am Morgen führen. KALES bevorzugt Flurazepam als Schlafmittel (10), aber die von uns oben erwähnten Beeinträchtigungen des Sozialverhaltens während des Tages lassen uns Flurazepam als obsolet erscheinen. Sicherlich wird man bei Schlafmitteln wie Lormetazepam oder Loprazolam weder aus theoretischen Gründen noch aufgrund der oben erwähnten Beobachtungen einen Anstieg der Schlaflosigkeit kurz vor dem Aufstehen im Vergleich zum Plazeboausgangswert erwarten. Es sollte daher möglich sein, nach Einnahme dieser Medikamente mit einem einigermaßen klaren Kopf aufzustehen.

Rebound-Phänomene nach dem Absetzen

In Abb. 3 werden einige allgemeine Prinzipien für zentral wirkende Medikamente wiedergegeben. Wenn ein Medikament lange Zeit auf das Zentralnervensystem einwirkt und wir dann sagen, daß sich ein gewisser Grad an Toleranz gebildet habe, bedeutet das in Wirklichkeit, daß im Zentralnervensystem neue Komponenten gebildet wurden, die denen des Medikamentes entgegenwirken. Wenn es sich um ein Medikament handelt, das den Schlaf verbessert, Angst, Unruhe und Anfallshäufigkeit senkt bzw. abschwächt, dann wird diese Komponente, was immer es auch sein mag, genau das Gegenteil bewirken, d. h. den Schlaf vermindern und Angstzustände, Ruhelosigkeit und Anfallshäufigkeit verstärken. Wenn das Medikament plötzlich abgesetzt wird, sind die so geschaffenen Adaptationsmechanismen im Gehirn immer noch wirksam und führen zu einer Verminderung des Schlafes und einer Verstärkung von

Abb. 3: Während der Medikamenteneinnahme sind günstige Wirkungen zu beobachten, nach dem Absetzen ungünstige.

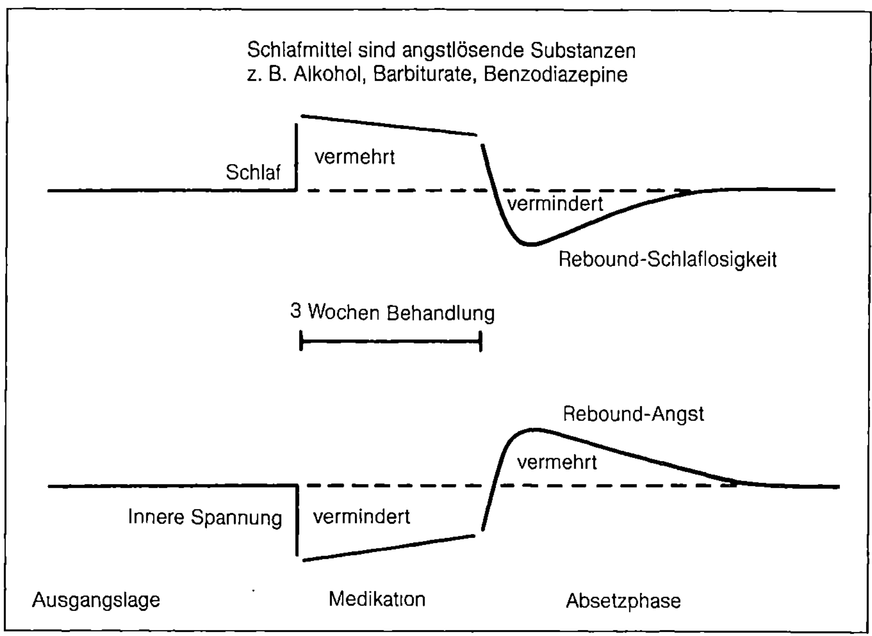

Angst und Ruhelosigkeit und zu einem Anstieg der Anfallshäufigkeit. Dieser Mechanismus macht sich als Rebound-Phänomen nach dem Absetzen bemerkbar. (In sehr schweren Fällen führt das bis zum Delirium tremens.) Da Proteine im Gehirn vermutlich sehr langsam umgesetzt werden, dauert es mehrere Wochen, bis sich die Verhältnisse im Gehirn normalisiert haben. Wenn es sich um eine Substanz handelt, die schnell eliminiert wird, wie beispielsweise Alkohol oder Triazolam, dann kommt es zu einem schnellen Rebound (3), wie in Abb. 4 dargestellt. Wenn diese Substanz oder ihre aktiven Metabolite aber nur sehr langsam eliminiert werden — d. h. in einem Zeitraum von einer Woche oder länger, wie es beispielsweise beim Phenobarbital oder Flurazepam der Fall ist, dann bedeutet das allmähliche Verschwinden der Substanz aus dem Gehirn, daß nur sehr wenige Entzugsphänomene auftreten. Daher konnte KALES et al. (9) kein Rebound-Phänomen nach Absetzen von Flurazepam feststellen. Es ist sicherlich vorteilhaft, wenn eine Substanz nur wenige Entzugssymptome verursacht, aber dieser Vorteil wird dadurch aufgehoben, daß am Tage erhebliche Beeinträchtigungen auftreten. Diese werden durch eine auch noch tagsüber im Gehirn vorhandene hohe Wirkstoffkonzentration bedingt.

In Abb. 2 ist die Rebound-Schlaflosigkeit nach dem Absetzen von 5 mg Nitrazepam oder 2 mg Lormetazepam dargestellt. Genauere Untersuchungen der Originaldaten zeigten, daß der Rebound zwei Nächte nach dem Absetzen von Lormetazepam und vier Nächte nach dem Absetzen von Nitrazepam am stärksten ausgeprägt war. Dieser Unterschied beruht auf der langsameren Elimination von Nitrazepam.

Schlafmittel der Zukunft

Was sollte man von Schlafmitteln der Zukunft erwarten? Es wird allgemein angenommen, daß der Schlaf eine wiederherstellende Funktion hat, und bei vielen verschiedenen tierischen Geweben ist während des Schlafes eine Erhö-

Abb. 4: Die elektroenzephalographisch bestimmte nächtliche Wachzeit ist in der ersten Nacht nach dem Absetzen und für einige weitere Nächte stark erhöht, wenn 0,5 mg Triazolam über drei Wochen regelmäßig jede Nacht eingenommen wurden (aus 3).

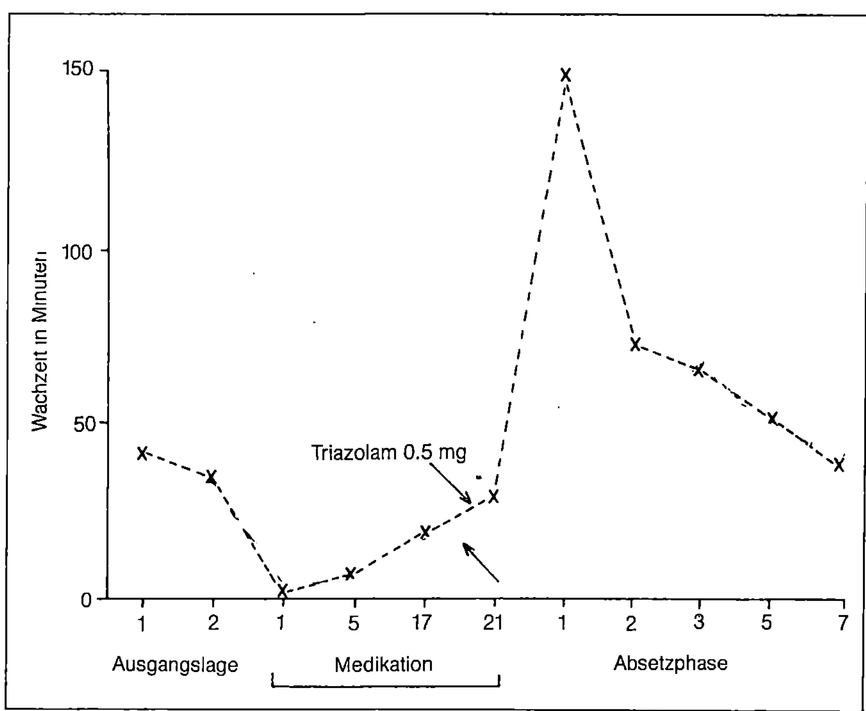

hung der Regenerationsrate nachweisbar (2). Beispielsweise fällt die höchste Rate der Proteinsynthese im Rattengehirn in die Schlafperiode, und ebenso wird die Zellproliferation im Darm von Nagetieren, die im Wachzustand deutlich vermindert ist, während des Schlafes deutlich erhöht. Wenn das Nagetier am Schlafen gehindert wird, kommt es zu keiner Gewebeerneuerung (8). Einwohner Kaliforniens, die glauben, daß sie gewöhnlich sechs Stunden oder weniger schlafen, haben eine erhöhte Sterblichkeitsrate, selbst nachdem Faktoren wie soziale Schicht, Körpergewicht, Inanspruchnahme der Gesundheitsbetreuung oder andere berücksichtigt werden (20). Ebenso konnte in einer großen Follow-up-Studie in Finnland festgestellt werden, daß eine subjektiv schlechte Schlafqualität mit einer vorzeitigen Mortalität assoziiert ist (12). Es ist nicht möglich, bei diesen vorzeitigen Mortalitätsraten eine Ursache-Wirkungs-Beziehung herzustellen. Wir wissen jedoch, daß Menschen, die glauben, daß sie relativ wenig schlafen, und die sich über ihre schlechte Schlafqualität beklagen, über 24 Stunden eine höhere Körpertemperatur aufweisen und während der Nacht mehr Adrenalin ausschütten als die entsprechenden Kontrollen (4). Mit anderen Worten: Der Katabolismus scheint bei den Menschen, die subjektiv der Ansicht sind, daß sie schlecht schlafen, stärker ausgeprägt zu sein. Wir können daraus schließen, daß dann die anabolen Regenerationsprozesse während des Schlafes benachteiligt sind. Es ist nicht bekannt, wie Schlafmittel diese Prozesse beeinflussen, aber Journalisten und Reporter, die sehr schnell die Ärzte kritisieren, insbesondere wenn ältere Patienten über viele Jahre hin jede Nacht Schlafmittel einnehmen, sollten alle diese Fakten berücksichtigen, die wir oben erwähnt haben. Möglicherweise spüren die Patienten etwas, das die Wissenschaft bislang nicht aufgedeckt hat. Obwohl wir glauben, daß es eine gute Richtlinie für die medizinische Praxis ist, die Patienten immer wieder darauf hinzuweisen, daß es wünschenswert ist, Schlafmittel nur für kürzere Zeitabschnitte einzunehmen, scheint es nicht sicher zu sein, daß es immer falsch ist, wenn Patienten Schlafmittel in geringen Dosierungen auch über Jahre zu sich nehmen.

Welches Schlafmittel?

Es wird allgemein angenommen, daß ein sehr kurz wirkendes, zur Frühstückszeit bereits ausgeschiedenes Hypnotikum das ideale Schlafmittel sei. In diesem Zusammenhang sollten wir uns an das morgendliche Zittern der Alkoholiker erinnern. Es ist mittlerweile offensichtlich, daß ein Schlafmittel, das so schnell eliminiert wird wie Triazolam, spezielle Nachteile in Form von Angstzuständen während des Tages mit sich bringen kann. Dagegen führen lang wirkende Substanzen wie Flurazepam zu ernsten Beeinträchtigungen während des Tages.

88

Abb. 5: Ein Schlafmittel, das jede Nacht eingenommen wird, sollte vorzugsweise nicht kumulieren. Es sollte auch tagsüber zu keinen Entzugs-
erscheinungen führen.

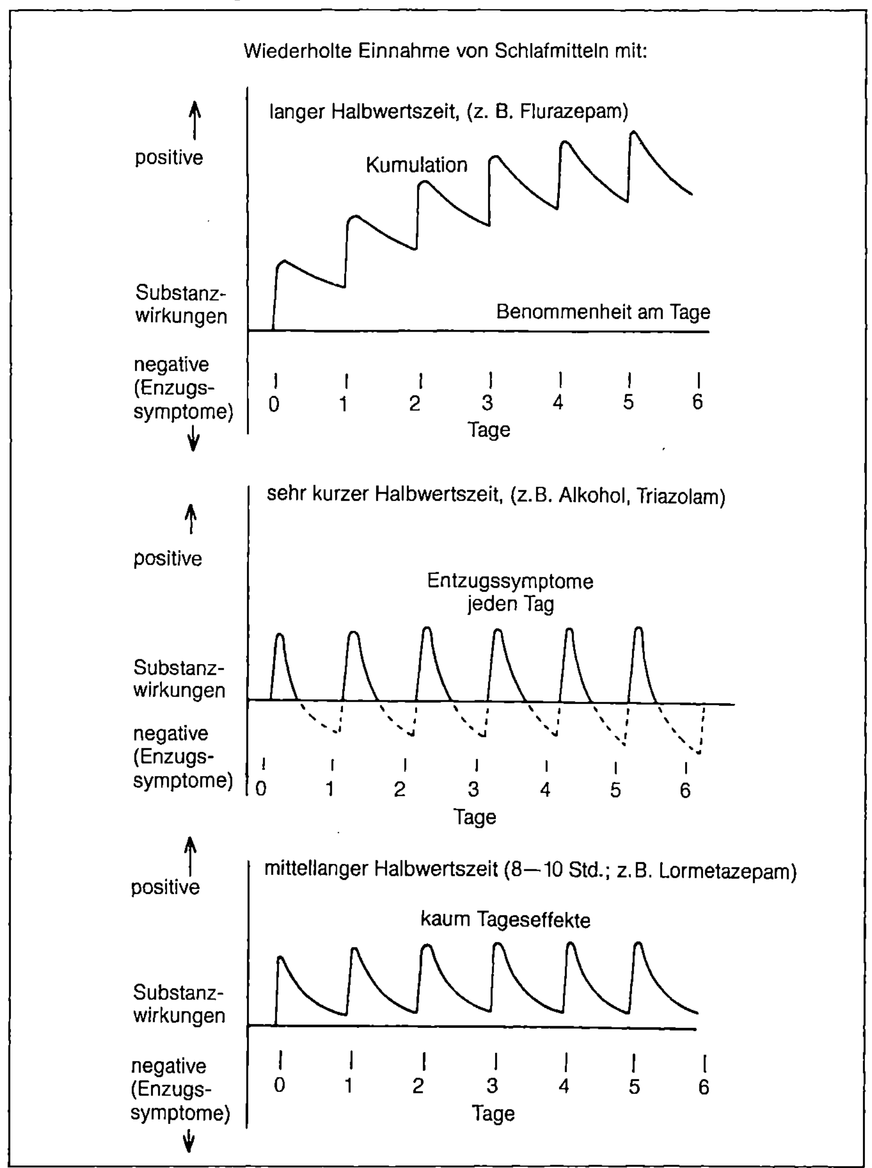

Wahrscheinlich beruhen die Unterschiede zwischen den Schlafmitteln nicht ausschließlich auf ihrer Eliminationshalbwertszeit. Wenn wir die Halbwertszeit jedoch als eine Richtlinie benutzen (Abb. 5), so läßt sich ein Kompromiß finden in Form der modernen, niedrig dosierten Benzodiazepine mit mäßig schneller Elimination, etwa mit Halbwertszeiten von zehn Stunden, wie beispielsweise das Lormetazepam. Substanzen, die kumulieren, belassen die Patienten während des ganzen Tages in einem Zustand der Benommenheit. Substanzen mit sehr kurzen Halbwertszeiten können tagsüber zu einem erhöhten Angstniveau führen. Was benötigt wird, ist ein Medikament, das während der Nacht wirkt, das auf jeden Fall noch in ausreichendem Maße zur Frühstückszeit im Körper vorhanden ist, jedoch in Konzentrationen, die zu niedrig sind, um signifikante Beeinträchtigungen zu verursachen. Geringe Mengen würden dann auch noch während des Tages zurückbleiben und damit Entzugssymptome verhindern. Rebound-Phänomene nach dem Absetzen werden unvermeidbar sein, wenn das Schlafmittel regelmäßig eingenommen wurde. Diese Effekte sollten den Patienten vorher erklärt werden, und sie sollten während der zwei bis drei Wochen, in denen die Dosis abgesetzt wird, die nötige Unterstützung und Ermutigung durch ihren Arzt finden.

Literatur

1 ADAM K, ADAMSON L, BREZINOVA V, HUNTER WM, OSWALD I. Nitrazepam: lastingly effective but trouble on withdrawal. Brit Med J 1976, 1: 1558—1560.
2 ADAM K, OSWALD I. Protein synthesis, bodily renewal and the sleep-wake cycle. Clin Sci 1983, 65: 561—567.
3 ADAM K, OSWALD I, SHAPIRO C. Effects of loprazolam and of triazolam on sleep and overnight urinary cortisol. Psychopharmacol 1984, 82: 389—394.
4 ADAM K, TOMENY M, OSWALD I. Physiological and psychological differences between good and poor sleepers. J Psychiat Res 1986, 20: 301—316.
5 BIXLER EO, KALES A, BRUBAKER BH, KALES JD. Adverse reactions to benzodiazepine hypnotics: spontaneous reporting system. Pharmacol 1987, 35: 286—300.
6 British Medical Journal. Tranquillizers causing aggression. Brit Med J 1975, 282: 475.
7 COOK PJ, HUGGETT A, GRAHAM-POLE R, SAVAGE IT, JAMES IM. Hypnotic accumulation and hangover in elderly in-patients: a controlled double-blind study of temazepam and nitrazepam. Brit Med J 1983, 286: 100—102.
8 JAZWINSKA EC. Sleep deprivation alters the cell population kinetics in the jejunum of the male Syrian hamster (Mesocricetus auratus). Cell Tissue Kinetics 1986, 19: 335—350.
9 KALES A, BIXLER EO, SOLDATOS CR, VELA-BUENO A, JACOBY J, KALES JD. Quazepam and flurazepam: long-term use and extended withdrawal. Clin Pharmacol Therapeutics 1982, 32: 781—788.

10 KALES A, KALES JD. Sleep laboratory studies of hypnotic drugs: efficacy and withdrawal affects. J Clin Psychopharmacol 1983, 3: 140—150.

11 KALES A, SOLDATOS CR, BIXLER EO, KALES JD. Early morning insomnia with rapidly eliminated benzodiazepines. Science 1983, 220: 95—97.

12 KOSENVUO M, KAPRIO J, PARTINEN M. Poor sleep quality, emotional stress and morbidity. In: Achte K, Pakaslahti A (Hrsg). Stress and psychosomatics. Psychiatrica Fennica Suppl. 1986: 115—120.

13 MORGAN K, OSWALD I. Anxiety caused by a short-life hypnotic. Brit Med J 1982, 284: 942.

14 MORGAN K, ADAM K, OSWALD I. Effects of loprazolam and of triazolam on psychological functions. Psychopharmacol 1984, 82: 386—388.

15 OSWALD I. Criteria for selecting an hypnotic. J Drugther Res 1984, 9: 480—486.

16 OSWALD I, ADAM K. So schlafen Sie besser. Orac: Wien 1984.

17 OSWALD I, ADAM K, BORROW S, IDZIKOWSKI C. The effects of two hypnotics on sleep, subjective feelings and skilled performance. In: Passouant P, Oswald I (Hrsg). Pharmacology of the States of Alertness. Pergamon: Oxford 1979: 51—63.

18 OSWALD I, FRENCH C, ADAM K, GILHAM J. Benzodiazepine hypnotics remain effective for 24 weeks. Brit Med J 1982, 284: 860—863.

19 VAN DER KROEF. Reactions to triazolam. Lancet 1979, 2: 526.

20 WINGARD EL, BERKMAN LF. Mortylity risk associated with sleeping patterns among adults. Sleep 1983, 6: 102—108.

Forensische Aspekte bei der Verordnung von Benzodiazepinschlafmitteln unter Berücksichtigung ihrer Pharmakokinetik

H. Schütz

Als Leo H. STERNBACH 1958 (19) seinen ersten Selbstversuch mit 50 mg Chlordiazepoxid vornahm, beschrieb er in seinen Tagebuchnotizen (Abb. 1) praktisch alle wesentlichen Wirkkomponenten der Benzodiazepine: Nachdem er um 8.30 Uhr eine 50-mg-Tablette eingenommen hatte, fühlte er sich zwischen 10.00 und 11.00 Uhr zunächst „etwas weich in den Knien". Dies ist ein deutlicher Hinweis auf die muskelrelaxierende Wirkung von Benzodiazepinen. Anschließend beschreibt er seine Stimmungslage als vergnügt, was möglicherweise die euphorische bzw. anxiolytische Komponente markiert. Gegen 1.35 Uhr schließlich fühlte er sich leicht schläfrig. Dieser Zustand hielt bis etwa 4.00 Uhr an; ein deutlicher Hinweis auf die hypnotische Komponente. Es fehlt praktisch nur noch der antikonvulsive Teil des Wirkungsspektrums. Man könnte sogar so weit gehen, daß man das leichte Schwindelgefühl gegen 5.30 Uhr als ersten dokumentierten Hinweis auf einen Rebound-Effekt deutet, denn zu diesem Zeitpunkt war die Chlordiazepoxidkonzentration mit Sicherheit im Abfluten begriffen (11, 19, 20).
Wie bereits MÜLLER (8) zutreffend herausfand, lassen sich die meisten Nebenwirkungen der Benzodiazepine direkt aus ihren vier pharmakologischen Wirkungskomponenten ableiten:

Pharmakologische Wirkung	Nebenwirkungen
sedativ, hypnotisch	Tagessedation, Schläfrigkeit, Verminderung der Reaktionsfähigkeit, Amnesie
zentral muskelrelaxierend	Muskelschwäche, Ataxie, Atemdepression, Obstipation
anxiolytisch	Gleichgültigkeit, Wurstigkeit, Realitätsflucht

Auf die forensische Relevanz dieser Nebenwirkungen wird noch im einzelnen einzugehen sein.

Im Bereich der forensischen Toxikologie sind Benzodiazepine vor allem auf folgenden Gebieten vertreten:
Benzodiazepine spielen zum einen im Rahmen der *Notfallanalytik* eine große Rolle, da sie häufig in suizidaler Absicht eingenommen werden. Wegen ihrer großen therapeutischen Breite ist jedoch die Gefahr der letalen Monointoxikation mit Benzodiazepinen praktisch nicht gegeben, obwohl HEYNDRICKX kürzlich über fatale Vergiftungen mit Flunitrazepam berichtete (3). Diese Beobachtungen müssen jedoch kritisch bewertet werden, zumal es sich um ältere Patienten handelte. Nicht ungefährlich sind jedoch nach unseren Erfahrungen Mischintoxikationen, bei denen neben Benzodiazepinen noch andere, vorzugsweise zentral wirkende Fremdstoffe beteiligt sind. Häufig handelt es sich hierbei um Alkohol. Im großen und ganzen muß man jedoch sagen, daß sich die Situation im Intensivbereich seit der Einführung und großen Verbreitung der Benzodiazepine ganz wesentlich entschärft hat. In diesem Zusammenhang sei an die schweren Intoxikationen (beispielsweise mit Bromcarbamiden) erinnert, die heute praktisch keine Rolle mehr spielen. Auch schwere Barbituratvergiftungen sind in den letzten Jahren deutlich zurückgegangen, haben aber noch immer einen nicht unbeträchtlichen Beteiligungsgrad.
Eine große Rolle spielen Benzodiazepine auch im Bereich der *Verkehrsmedizin*. Es liegt auf der Hand, daß eine Wirkstoffklasse, die anxiolytisch, hypnotisch, muskelrelaxierend und sedativ wirkt, verkehrsmedizinische Relevanz besitzen muß. Dies gilt insbesondere für das Zusammenwirken mit Alkohol oder anderen zentral wirkenden Substanzen. Bereits niedrige Benzodiazepinkonzentrationen können in Wechselwirkung mit anderen Medikamenten treten, wobei das Ausmaß dieser Interaktionen additiv oder potenziert ausgeprägt sein kann (13). Aus diesem Grund warnen alle Hersteller von Benzodiazepinpräparaten auf dem Beipackzettel vor einer möglichen Beeinträchtigung des Reaktionsvermögens sowie der gleichzeitigen Aufnahme von Alkohol. Auch soll insbesondere zu Beginn einer Therapie mit Benzodiazepinen auf mögliche Einschränkungen der Fähigkeit zum Führen eines Kraftfahrzeugs oder zum Bedienen von Maschinen hingewiesen werden. Dagegen zeigen unsere Beobachtungen, daß sehr viele Verkehrsteilnehmer nach der bestimmungsgemäßen Einnahme von Benzodiazepinen durchaus in der Lage sind, auch den hohen Anforderungen des modernen Straßenverkehrs oder der Arbeitswelt zu genügen. Verkehrsmedizinische Relevanz besitzen zudem praktisch alle Medikamente, selbst die sog. „kleinen Analgetika". Es sind sogar Fälle bekannt, bei denen Laxantien zu einer Beeinträchtigung der Verkehrstauglichkeit führten.
Beteiligt sind Benzodiazepine auch an der *allgemeinen Kriminalität*, insbesondere in der Rauschgiftszene. Sie dienen häufig als Ausweich- und Ersatz-

drogen. Es ist heute unumstritten, daß Benzodiazepine ein Abhängigkeitspotential besitzen, das eng mit ihren Wirkkomponenten verknüpft ist. Obwohl dieses Wirkprofil allen Benzodiazepinen eigen ist, kann man aus forensischer Sicht dennoch nicht sagen, daß alle Benzodiazepine gleich stark vertreten sind, selbst wenn man die Häufigkeit der Verschreibungen oder die Angaben der Hersteller zum Umsatz der betreffenden Präparate berücksichtigt. Unsere Erfahrungen im forensischen Bereich entsprechen im wesentlichen den Beobachtungen von POSER und POSER im Rahmen der Göttinger Longitudinalstudie bei Suchtkranken (10). Zweifellos nimmt Alkohol den ersten Platz mit 368 Personen bzw. knapp der Hälfte ein. Es folgen aber bald Benzodiazepinderivate, wie z. B. Diazepam, Lorazepam, Bromazepam und Oxazepam. Neueste Erhebungen müßten sicher auch noch andere Benzodiazepinderivate berücksichtigen.

Diese Ausführungen zu den wichtigsten Nebenwirkungen, Intoxikationssymptomen und mißbräuchlichen Anwendungsgebieten der Benzodiazepine sollen keinesfalls vom großen therapeutischen Nutzen dieser Wirkstoffklasse ablenken. Die Inzidenz der genannten unerwünschten Wirkungen und Verwendungen ist im Vergleich zum beachtlichen Verbrauch sicher relativ gering. Im folgenden soll nun näher auf forensische Aspekte der Pharmakokinetik der Benzodiazepine eingegangen werden: Benzodiazepine können bekanntlich hinsichtlich ihrer pharmakokinetischen Eigenschaften „maßgeschneidert" werden (Formelschema 1). Beispielsweise gelingt es durch Substitution am N1-Stickstoff, die Lipophilie und damit die Geschwindigkeit des Wirkungseintrittes zu steuern. Die in 3-Position hydroxylierten Benzodiazepine (z. B.

Formelschema 1: Ringnomenklatur für 1,4-Bezodiazepine

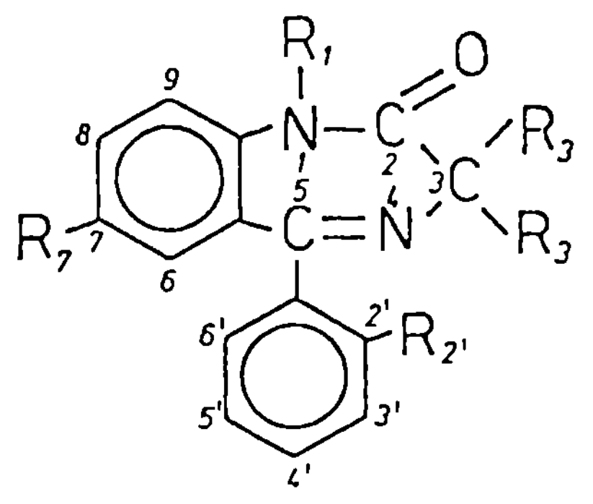

Tab. 1: Einteilung von Benzodiazepinen aufgrund pharmakokinetischer Eigenschaften (modifiziert nach GREENBLATT et al., 1981)

I. Benzodiazepine mit langer terminaler HWZ und lang-wirksamen aktiven Metaboliten

Diazepam	(20—40 h)	Desmethyldiazepam	(36—200 h)
Chlordiazepoxid	(5—30 h)	u.a. Desmethyldiazepam	(36—200 h)
Clorazepat*	—	Desmethyldiazepam	(36—200 h)
Prazepam*	—	Desmethyldiazepam	(36—200 h)
Medazepam*	—	u.a. Diazepam	(20— 40 h)
Flurazepam*	—	Desalkylflurazepam	(40—250 h)
Clobazam	(12—60 h)	Desmethylclobazam	?

II. Benzodiazepine mit mittlerer bis kurzer terminaler HWZ und mit aktiven Metaboliten

Flunitrazepam	(ca. 15 h)	7-Amino-Derivat	(25 h)
Estazolam	(10—30 h)	hydroxylierter Metabolit	?
Bromazepam	(10—20 h)	3-Hydroxybromazepam	?

III. Benzodiazepine mit mittlerer bis kurzer terminaler HWZ, ohne aktive Metaboliten

Nitrazepam	(15—38 h)	—
Lorazepam	(10—20 h)	—
Temazepam	(8—14 h)	—
Lormetazepam	(8—14 h)	—
Oxazepam	(4—15 h)	—

IV. Benzodiazepine mit ultrakurzer HWZ und aktiven Metaboliten

Brotizolam	(4—9 h)	4-Hydroxy-Brotizolam	(4—9 h)
		α-Hydroxy-Brotizolam	(4—9 h)
Triazolam	(2—5 h)	4-Hydroxy-Triazolam	(2—5 h)
		α-Hydroxy-Triazolam	(2—5 h)
Midazolam	(2—4 h)	α-Hydroxy-Midazolam	(1 h)
		4-Hydroxy-Midazolam	

* Substanz trägt selbst nicht oder kaum zur Wirkung bei und kann als „Prodrug" betrachtet werden.

Lorazepam, Lormetazepam, Oxazepam oder Temazepam) können ohne weitere Phase-I-Metabolisierungsschritte konjugiert und damit relativ rasch renal ausgeschieden werden. Weitere wichtige Substitutionspositionen im Molekül befinden sich in Stellung 7 und 2' des Phenylringes in 5-Position. Die Substitution mit Halogen (z. B. Fluor oder Chlor) in 2'-Stellung führt beispielsweise zu einer beträchtlichen Wirkungsverstärkung und dadurch möglichen Dosisverminderung.

Eine auch im forensischen Bereich äußerst wichtige pharmakokinetische Kenngröße ist die Halbwertszeit der Elimination (Tab. 1).

Es hat sich auch in den rechtsmedizinischen Disziplinen bewährt, Benzodiazepine nach ihrer Eliminationshalbwertszeit einzuteilen. Man unterscheidet im wesentlichen zwischen Benzodiazepinen mit langer, mittlerer und kurzer Eli-

Abb. 1: Der historische Selbstversuch Sternbachs (Auszug aus dem Labortagebuch)

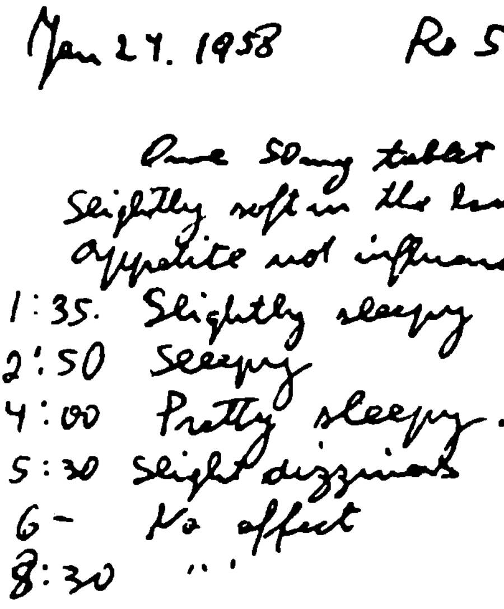

Eine 50 mg-Tablette um 8 Uhr 30
etwas weich in den Knien zwischen 10—11
Appetit nicht beeinflußt, vergnügt.
1 Uhr 35 Leicht schläfrig
2 Uhr 50 Schläfrig
4 Uhr   Ziemlich schläfrig
5 Uhr 30 Leicht benommen
6 Uhr   Keine Wirkung
8 Uhr 30 Keine Wirkung

minationshalbwertszeit (4, 12, 16). Bei den Benzodiazepinen mit langer Eliminationshalbwertszeit (Tab. 1, I) sind vor allem die Metabolite für die lange Verweildauer von Wirkstoffen im Organismus verantwortlich. Beispielsweise werden zahlreiche Benzodiazepine zu N-Desmethyldiazepam metabolisiert, für das in der Literatur Halbwertszeiten zwischen 36 und 200 Stunden angegeben werden. Bei N-Desalkylflurazepam können diese sogar 40 bis 250 Stunden umfassen. Eng verbunden mit dieser langen Halbwertszeit ist die Gefahr der Kumulation.

Es war daher eine mehr oder weniger logische und auch nachvollziehbare Entwicklung, als man versuchte, durch die Einführung von Benzodiazepinen mit sehr kurzer Halbwertszeit der Gefahr der Kumulation zu begegnen. Dies führte zur Synthese von Wirkstoffen, die in der Übersicht zu den Halbwertszeiten (Tab. 1) im unteren Teil (unter IV.) dargestellt sind. Es handelt sich hierbei hauptsächlich um Triazolam und Midazolam. Leider zeigte sich jedoch sehr bald, daß man so zwar auf der einen Seite Kumulationseffekte weitgehend vermeiden konnte, auf der anderen Seite aber Rebound-Phänomene in den Vordergrund traten. Dies führte beispielsweise in den Niederlanden dazu, daß Triazolam vom Markt genommen wurde, da es nach dem Absetzen des Mittels aufgrund von Beobachtungen des Psychiaters VAN DER KROEF zu paranoiden Vorstellungen und anderen unerwünschten Nebenwirkungen gekommen sein soll (3). Die forensische Relevanz solcher Nebenwirkungen liegt auf der Hand. Von einigen Benzodiazepinen mit extrem kurzer Halbwertszeit wird sogar berichtet, daß der Patient nach bestimmungsgemäßer Dosierung vor dem abendlichen Schlafengehen bereits in den frühen Morgenstunden durch Rebound-Effekte geweckt werden kann (MEIER-EWERT, persönliche Mitteilung, 2, 5).

Eine Zwischenstellung und, wie später noch gezeigt wird, auch einen Kompromiß stellen Benzodiazepine mit mittlerer Halbwertszeit der Elimination dar, wie z. B. Flunitrazepam, Bromazepam, Nitrazepam, Lorazepam, Temazepam, Lormetazepam, Oxazepam und andere (Tab. 1, II und III).

Die einzelnen Halbwertszeitklassen sollen anhand von Beispielen eingehender behandelt werden:

Zunächst ein Beispiel für *lange Halbwertszeiten.*

Formelschema 2: Biotransformation von Flurazepam (Auszug)

CH_3CH_2 N CH_2CH_3 — CH_2 — CH_2 — Cl — $N-C$ O CH_2 $C=N$ F

Flurazepam (HWZ ca. 2 h)

Cl — H $N-C$ O CH_2 $C=N$ F

N-Desalkylflurazepam (HWZ 40 — 250 h)
Gefahr der Kumulation

Flurazepam mit einer an sich sehr niedrigen Halbwertszeit von ca. 2 Stunden wird im Organismus sehr rasch in N-Desalkylflurazepam mit der bereits erwähnten Halbwertszeit von 40 bis 250 Stunden biotransformiert. Zur schematischen Darstellung der Kinetik und der damit zusammenhängenden Effekte eignen sich hervorragend die Übersichtsdiagramme von OSWALD (9). Der Kumulationseffekt ist hier sehr instruktiv dargestellt (Abb. 2). In der Tat

Abb. 2: Schematische Darstellung des Wirkprofils von Benzodiazepinen bzw. von Metaboliten mit langer Eliminationshalbwertszeit (nach OSWALD)

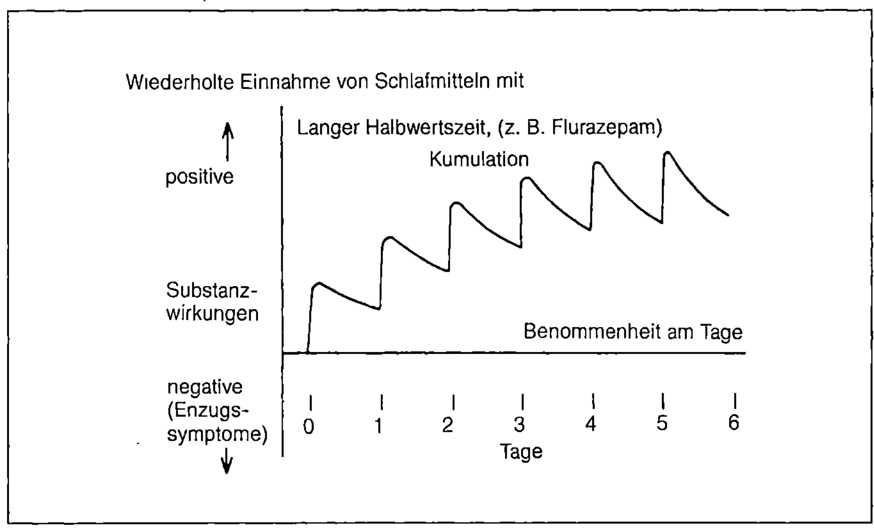

findet man im forensisch-toxikologischen Bereich immer wieder extrem hohe Blutkonzentrationen (beispielsweise von N-Desmethyldiazepam), wenn man Proben von Unfallopfern analysiert. Gegenwärtig wird intensiv diskutiert, welche Rolle die Kumulation bei der Einschränkung der Verkehrstauglichkeit spielt.

Im nächsten Formelschema ist ein Benzodiazepin mit *kurzer Halbwertszeit* dargestellt.

Formelschema 3: Biotransformation von Triazolam (Auszug)

Triazolam (HWZ ca. 2 h)
Reboundgefahr

α-Hydroxytriazolam (HWZ 2 — 4 h)

Abb. 3: Schematische Darstellung des Wirkprofils von Benzodiazepinen bzw. Metaboliten mit kurzer Eliminationshalbwertszeit (nach OSWALD)

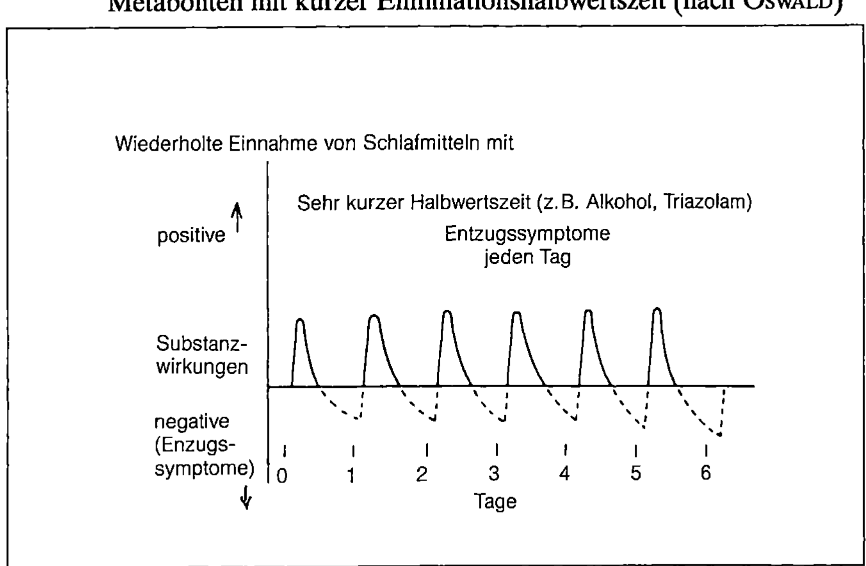

Triazolam, Halbwertszeit ca. 2 Stunden, wird in Metabolite überführt, deren Halbwertszeit im gleichen Bereich liegen. Auch für diesen Benzodiazepintyp hat OSWALD ein Diagramm ausgearbeitet (Abb. 3). Es behandelt die Benzodiazepine mit kurzer Halbwertszeit am Beispiel des Triazolams und des Alkohols. Letzterer gehört glücklicherweise ebenfalls zu den Wirkstoffen mit kurzer Halbwertszeit; andernfalls hätte eine „feuchtfröhliche Feier" möglicherweise ein mehrtägiges Fahrverbot zur Konsequenz.

Der Vergleich mit Ethanol gestattet bereits einige Prognosen und Analogieschlüsse: Seit langer Zeit ist bekannt, daß Alkohol gerade in der raschen Anflutungsphase besondere Wirkungen zeigt, z. B. verstärkte psychomotorische Ausfallerscheinungen und Euphorie. Im Rahmen von Gerichtsverhandlungen spielt es beispielsweise oft bei der Beurteilung der Fahrtüchtigkeit eine große Rolle, ob sich der Betroffene noch in der Absorptionsphase (dort meist Resorptionsphase genannt) befand oder nicht. Analoges kann man bei Medikamenten mit kurzen Halbwertszeiten annehmen, bei denen die Wirkung sehr rasch einsetzt.

Man kann sich unschwer vorstellen, wie es um die Verkehrstüchtigkeit eines Kraftfahrers bestellt ist, der sich in der Anflutungsphase eines solchen Wirkstoffes befindet. Darüber hinaus kommt auch der Eliminationsphase große forensische Bedeutung zu. Rebound-Phänomene führen erfahrungsgemäß

nicht selten zur erneuten Einnahme des betreffenden Benzodiazepines, um so
die unerwünschten Nebenwirkungen abzustellen. Hierdurch kann die Miß-
brauchsgefahr ganz deutlich zunehmen. Im Diagramm von OSWALD sind diese
Phasen der unangenehm empfundenen Symptome durch die gestrichelten
Bereiche der Kurve ausgedrückt (Abb. 3).
Als Beispiel für ein Benzodiazepin mit *mittlerer Halbwertszeit* soll Lormetazepam (Halbwertszeit 8 bis 14 Stunden) dienen.

Formelschema 4: Biotransformation von Lormetazepam (Auszug)

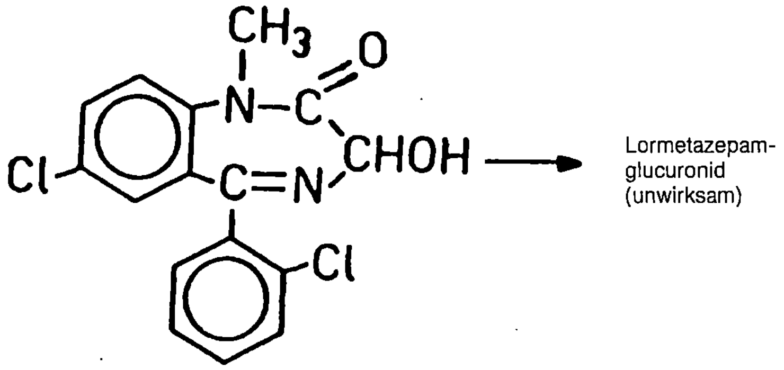

CH₃

Cl—◯—N—C=O

C=N—CHOH ⟶ Lormetazepam-

glucuronid

(unwirksam)

Cl

Lormetazepam (HWZ 8 — 14 h)
Keine Gefahr der Kumulation

Lormetazepam wird im Organismus sehr rasch in Lormetazepam-Glukuronid
umgewandelt, das pharmakologisch unwirksam ist. Es besteht keine Gefahr
der Kumulation. Daneben wird durch die gegenüber kurz wirkenden Benzodiazepinen (z. B. Triazolam) deutlich verlängerte Halbwertszeit der Elimination verhindert, daß Rebound-Phänomene in größerem Ausmaß auftreten.
Auch hierfür hat OSWALD ein Diagramm publiziert (Abb. 4). Es zeigt deutlich,
daß auf der einen Seite keine Kumulationsgefahr besteht und andererseits auch
der Bereich der negativen (Entzugs-)Symptome *bei optimaler Dosierung* nicht
erreicht wird.
Im großen und ganzen kann man sagen, daß auch aufgrund forensisch-toxiko-
logischer Erfahrungen bei der Auswahl eines Benzodiazepines ein pharmako-
kinetisches Profil sinnvoll ist, das einen vernünftigen Kompromiß zwischen
langer Halbwertszeit (und damit verbundener Kumulationsgefahr) und kurzer
Halbwertszeit (und den meist damit verbundenen Rebound-Phänomenen)
darstellt. Dies ist schematisch in der nächsten Abbildung verdeutlicht (Abb. 5)
(1).

100

Abb. 4: Schematische Darstellung des Wirkprofils von Benzodiazepinen bzw.
Metaboliten mit mittlerer Eliminationshalbwertszeit (nach OSWALD)

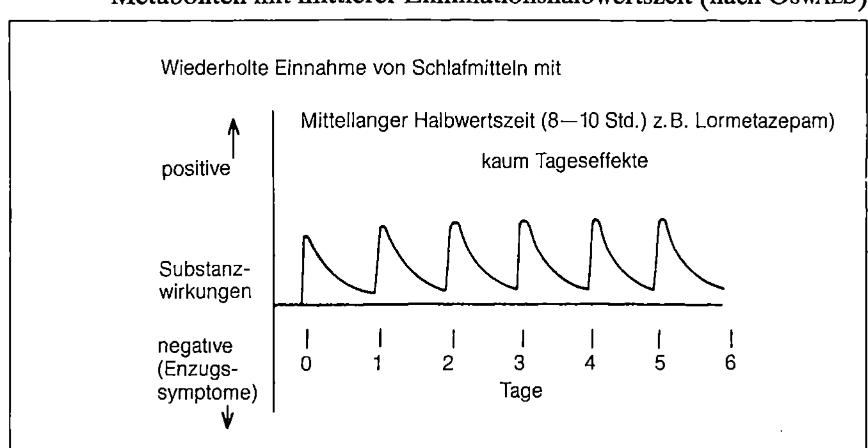

Wichtig erscheint es, noch auf eine andere Eigenschaft der Benzodiazepine einzugehen. Bei vielen Benzodiazepinen beobachtet man eine Zunahme der
Halbwertszeit der Elimination mit fortschreitendem Alter. Beispielsweise
kann die Halbwertszeit der Elimination für Diazepam beim zwanzigjährigen in
der Größenordnung von zwanzig Stunden liegen und beim 70jährigen Werte
bis zu 60 oder 80 Stunden annehmen. Es liegt auf der Hand, daß auch damit
eine Kumulationsgefahr verbunden ist. Wesentlich günstigere Verhältnisse liegen bei Benzodiazepinen vor, die in 3-Position hydroxyliert sind. Bei diesen
Derivaten, z. B. bei Lormetazepam, Lorazepam, Oxazepam und Temazepam,
nimmt die Eliminationshalbwertszeit mit fortschreitendem Alter kaum zu.
Dadurch wird die Kumulationsgefahr unterdrückt.
Ein aus Sicht des forensischen Toxikologen weiterhin wichtiges Kriterium für
die Auswahl eines bestimmten Benzodiazepinpräparates kann auch seine
analytische Nachweisbarkeit sein. Immer häufiger wird uns berichtet, daß die
Compliance von Patienten mit Hilfe einfacher und möglichst praktikabler
Screeningmethoden überprüft werden sollte. Hierfür eignet sich bei den
konventionellen Benzodiazepinen (z. B. Diazepam, Lorazepam, Oxazepam,
Lormetazepam, Nitrazepam und andere) hervorragend die Dünnschicht-
chromatographie (14, 15). Gerade die neueren tetrazyklischen Benzodiazepine, wie z. B. Alprazolam, Brotizolam, Midazolam und Triazolam, sind
diesem einfachen und empfindlichen Screeningverfahren jedoch nicht
zugänglich. Auch das weit verbreitete EMIT®- oder TDx-Verfahren eignet
sich in direkter Form nicht zur Erfassung dieser Benzodiazepine nach

Abb. 5: Schematische Darstellung eines pharmakokinetischen Kompromisses zur Verhinderung von Rebound- und Kumulationseffekten durch die Wahl eines Benzodiazepins mit mittlerer Eliminationshalbwertszeit (z. B. Lormetazepam)

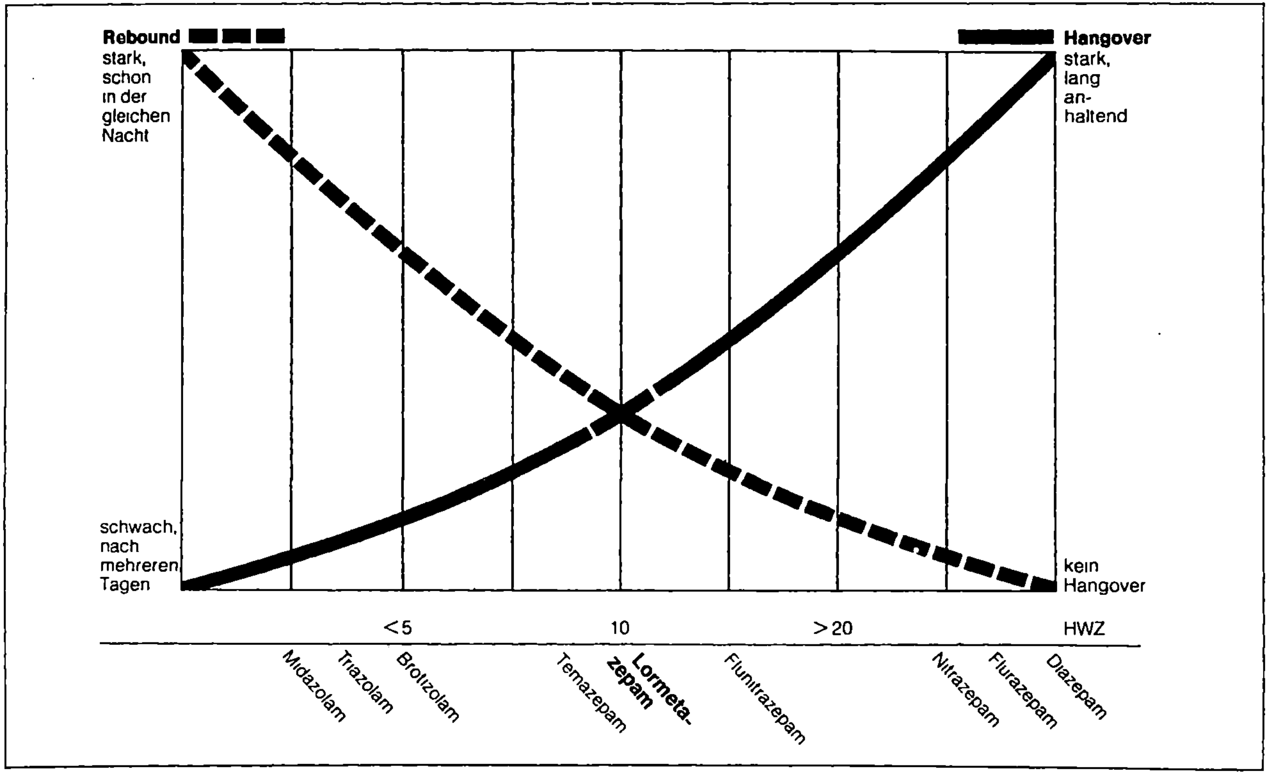

Abb. 6: „Lehrradierung" von Picat aus dem 18. Jahrhundert. Sie zeigt, wie die Erregungszustände der Epileptikerin Gabrielle Muller im Pariser Spital Salpêtrière „gedämpft" wurden.

therapeutischer Dosierung (17, 18). Dieser Aspekt sollte jedoch selbstverständlich gegenüber therapeutischen Erwägungen in den Hintergrund treten. Abschließend sollte ausdrücklich betont werden, daß Benzodiazepine trotz aller möglichen Nebenwirkungen ohne jeden Zweifel eine wertvolle Bereicherung des Arzneimittelschatzes darstellen. Dies ging auch ganz deutlich aus den Vorträgen des Symposiums hervor, und es bedarf zur Darlegung des Nutzens der Benzodiazepine eigentlich nicht der Darstellung in Abb. 6, die anhand einer „Lehrradierung" von PICAT aus dem 18. Jahrhundert zeigt, wie die Erregungszustände der Epileptikerin Gabrielle Muller im Pariser Spital Salpêtrière „gedämpft" wurden.

Literatur

1 DOROW R, FRIELING B, BISCHOFF R. Pharmakokinetische Unterschiede zwischen verschiedenen Benzodiazepin-Hypnotika, Zusammenhänge mit der Hangover- und Reboundproblematik. In: Clarenbach P (Hrsg). Schlafmitteltherapie — eine kritische Bewertung von Nutzen und Risiko. Med wiss Buchreihe. Schering AG: Berlin 1988: 71—82.

2 HARVEY SC. Hypnotics and Sedatives. In: Gilmans LS, Goodman AG, Rall TW, Murad F (Hrsg). The pharmacological basis of therapeutics. 7. Auflage. Macmillan Publishing Company: New York 1985: 339—371.

3 HEYNDRICKX B. Fatal intoxication due to flunitrazepam. J Anal Tox 1987, 11: 278.

4 HOROWSKI, R, DOROW R. Die Bedeutung pharmakokinetischer Befunde für die klinische Wirkung von Benzodiazepinen. Internist 1982, 23: 632—640.

5 KALES A, SOLDATOS CR, BIXLER OE, KALES DJ. Early morning insomnia with rapidly eliminated benzodiazepines. Science 1983, 220: 95—97.

6 LADIMER I. Trials and tribulations of triazolam. J Clin Pharm 1980, 20: 159—161.

7 LUND R, RÜTHER E. Medikamentöse Behandlung von Schlafstörungen. Internist 1984, 25: 543—546.

8 MÜLLER WE. Pharmakodynamik der Benzodiazepine: In: Langrehr D (Hrsg). Benzodiazepine in der Anästhesiologie. Urban und Schwarzenberg: München 1985: 34—45.

9 OSWALD I. Criteria for selecting and hypnotic. J Drughter Res 1988, 9: 480—486.

10 POSER W, POSER S. Abusus und Abhängigkeit von Benzodiazepinen. Internist 1986, 27: 738—745.

11 SCHÜTZ H. Benzodiazepine — Entdeckung, Entwicklung und Zukunftsperspektiven. Pharmazie in unserer Zeit 1982, 11: 161—176.

12 SCHÜTZ H. Benzodiazepines — a handbook. Vol. I. Springer-Verlag: Berlin-Heidelberg-New York 1982.

13 SCHÜTZ H. Alkohol im Blut — Nachweis und Bestimmung, Umwandlung, Berechnung. Verlag Chemie: Weinheim-Deerfield Beach-Basel 1983.

14 SCHÜTZ H. Dünnschichtchromatographische Suchanalyse für 1,4-Benzodiazepine in Harn, Blut und Mageninhalt. VCH-Verlagsges.: Weinheim-Deerfield Beach-Basel 1986.

15 SCHÜTZ H. Modern screening strategies in analytical toxicology with special regard to newer benzodiazepines. Z Rechtsmed 1988, 100: 19—37.

16 SCHÜTZ H. Benzodiazepines — a handbook. Vol. II. Springer-Verlag: Berlin-Heidelberg-New York 1989.

17 SCHÜTZ H, SCHNEIDER WR: Screening tetrazyklischer Benzodiazepine mittels EMIT®-st (Benzodiazepines) and TDx. Z Rechtsmed 1987, 99: 181—189.

18 SCHÜTZ H, SCHNEIDER WR, SCHÖLERMANN K. Verbessertes enzymimmunologisches Screeningverfahren für Benzodiazepine im Harn nach EXTRELUT®-Anreicherung. Ärztl Lab 1988, 34: 130—136.

19 STERNBACH LH. 1,4-Benzodiazepine. Chemie und Betrachtungen zur Beziehung zwischen Struktur und Wirkung. Angew Chem 83 1971: 70—79.

20 STERNBACH LH. The benzodiazepine story. In: Jucker J (Hrsg). Progress in drug research. Vol. 22. Birkhäuser Verlag: Basel-Stuttgart 1978: 229—266.

Diskussion Schütz und Abschlußdiskussion

Vorsitzender:
Damit darf ich um Wortmeldungen bitten. Gibt es spezielle Fragen zu dem
Vortrag von Herrn Schütz?
Sonst darf ich mich vielleicht einmal selbst zu Wort melden. Schon bei den
anderen Vorträgen kam mir wiederholt der Gedanke, daß die Charakteristika
der Benzodiazepine vielleicht doch nicht nur auf ihren pharmakokinetischen
Eigenschaften beruhen, sondern daß es auch pharmakodynamische Aspekte
geben könnte.

Schütz:
Man vertritt heute allgemein die Ansicht, daß sich die Benzodiazepine hauptsächlich in ihren pharmakokinetischen Eigenschaften unterscheiden und im
übrigen alle Einzelkomponenten im Wirkungsspektrum aufweisen. Es kann
jedoch durchaus vorkommen, daß der zeitliche Eintritt einer bestimmten
Wirkkomponente (z. B. der hypnotischen) von der Pharmakokinetik her
beeinflußbar ist und sich somit doch gewisse Unterschiede ableiten lassen.

Frage:
Herr Schütz, gibt es — ähnlich wie beim Alkohol — Hinweise auf Plasma-
konzentrationen von Benzodiazepinen, die eine Fahruntauglichkeit implizieren? Anscheinend ist ja trotz hoher Plasmakonzentration über längere Zeit
keine Fahruntauglichkeit gegeben. Andererseits führen dagegen Schwankungen bei der Anflutung doch zu einer erheblichen Beeinträchtigung.

Schütz:
Man hat jahrelang versucht, einen Grenzwert — ähnlich wie beim Alkohol — zu
installieren. Der neueste Stand besagt jedoch, daß man bei den Benzodiazepinen nicht mit der gleichen Schärfe wie beim Alkohol Schlüsse auf die Fahrtauglichkeit ziehen kann. So wurde bekannt, daß trotz relativ hoher Benzodiazepinkonzentrationen keine meßbaren Einschränkungen der Fahrtauglichkeit
eintreten müssen.

Frage:
In den Beipackzetteln fast aller Benzodiazepine steht, daß die regelmäßige
oder auch gelegentliche Einnahme des Benzodiazepins eine Depression verstärken oder auslösen könne. Hierzu und zu der Beziehung von REM-Phasen
und Depressiogenität wurde heute noch nichts gesagt. Im Vorjahr hatte Prof.
Pöldinger darauf hingewiesen, daß es bei der Schlafentzugstherapie bei der

Behandlung der Depression im wesentlichen auf die Unterdrückung der REM-Phasen ankäme. Dagegen hat aber Dr. Horowski vor unserem Berufsverband gesagt, daß die Qualität eines Schlafmittels u.a. daran zu messen sei, daß es die REM-Phasen möglichst nicht tangiere. Deshalb die Frage: Welcher Zusammenhang besteht zwischen REM-Phasen und Depression, und warum steht in der Gebrauchsinformation von benzodiazepinhaltigen Präparaten, daß sich bei Patienten im akuten Stadium endogener Psychosen, insbesondere bei schwerer Depression, in einzelnen Fällen die Krankheitszeichen verstärken können?

Rüther:

Die Antidepressiva, die Barbiturate und viele Benzodiazepine vermindern ohne Zweifel die REM-Phasen und die REM-Menge, manchmal nur im ersten Drittel, manchmal über den gesamten Schlaf hin. Daß Benzodiazepine den REM-Anteil völlig unbeeinflußt ließen, stimmt sicher nicht. Wenn Sie aber Benzodiazepine in therapeutischen Dosen verabreichen, bleiben viele doch ohne sichtbare Beeinflussung der REM-Perioden. Wenn also Depressionen gefördert werden, so liegt das nicht an dem Einfluß auf die REM-Phasen. Benzodiazepine verändern aber die psychische Situation des Menschen, wie ich aber heute morgen sagte, meist nur dann, wenn sie in hohen Dosen über längere Zeit hin gegeben werden. Dann beobachten wir — und das wurde in vielen Untersuchungen gesehen — Veränderungen der Stimmung des Patienten, die soweit gehen können, daß das Bild einer endogenen Depression oder sogar das schwerer chronischer depressiver Zustände entsteht. Das ist manchmal mit dem Absetzen gar nicht so leicht aufzuheben. In der Regel sah ich das aber nur, wenn über sehr lange Zeit sehr hohe Dosen eingenommen wurden; mit hohen Dosen meine ich da zum Beispiel über 50 mg Diazepam oder über 12 mg Tavor. Ob solche Bilder auch bei ärztlich indizierten Gaben in Dosierungen auftreten, wie wir sie normalerweise geben, ist sehr fraglich.
Wir wissen, daß sowohl der Schlafentzug als auch der reine REM-Entzug Depressionen bessern kann. Wir wissen aber auch, daß Antidepressiva den REM-Schlaf vermindern. Doch hat keiner bislang nachgewiesen, daß es hier einen kausalen Bezug gibt. Wir wissen also nicht, ob tatsächlich der REM-Entzug allein bereits die Depression bessert. Daß da eine Parallelität besteht, ist wissenschaftlich außer Zweifel. Es gibt aber auch Antidepressiva, die den REM-Schlaf nicht vermindern und trotzdem wirksam sind.

Frage:
Ich hätte noch eine Frage an Herrn Rüther. Wir haben zwar eine ganze Menge über Benzodiazepine gehört, aber Ihr Vortrag heute morgen war ja nicht auf

diese Gruppe beschränkt. Ich wüßte gern, welchen Stellenwert für Sie die Phytopharmaka in der Behandlung von Schlafstörungen einnehmen.

Rüther:

Ich habe heute morgen über Patienten gesprochen, die sehr schwer schlafgestört sind. Solche Patienten, die schon seit Jahren schlafgestört sind und alles an Präparaten hinter sich haben, können Sie nicht mit Baldrian abspeisen. Es wäre Augenwischerei, wenn ich hier erzählen würde: Ein bißchen Baldrian und schon schlafen sie. Wenn aber einer neu mit Schlafstörungen kommt, dann rede ich mit ihm über Phytopharmaka. Vor zwei Jahren habe ich auf der Medica in Düsseldorf über Phytopharmaka gesprochen und wurde von etlichen Kollegen attackiert, wie ich als Schlafforscher über solche Dinge sprechen könne, wo doch bekannt sei, daß die Wirkungen von Phytopharmaka wissenschaftlich nicht nachgewiesen sind. Natürlich sind sie wissenschaftlich nicht nachgewiesen, aber ich weiß aus Erfahrung auch, daß viele Benzodiazepine eingespart werden könnten, wenn wir zunächst mit diesen Präparaten arbeiten würden. Aber Allheilmittel sind sie bei Schlafstörungen sicher nicht.

Anhang

Verzeichnis von Schlafambulanzen und Schlaflaboratorien mit der Möglichkeit der polysomnographischen Schlafdiagnostik

BUNDESREPUBLIK DEUTSCHLAND

Berlin (West)

DRK-Krankenhaus „Mark Brandenburg,
Abt. Drontheimer Straße"
Akademisches Lehrkrankenhaus der FU B
I. Innere Abteilung
Atmungslabor, Bronchologie, Schlaflabor
Schwerpunkt: Pneumonologie und Kardiologie

Prof. Dr. P. Dorow
Drontheimer Str. 39—40
1000 Berlin 65
Tel.: (0 30) 49 07-3 45

* Klinikum Charlottenburg
Abt. für Klinische Neurophysiologie
Schlaflabor (vorwiegend Forschung)

Prof. Dr. St. Kubicki
Spandauer Damm 130
1000 Berlin 19
Tel.: (0 30) 30 35-3 15

Bielefeld

* Evangelisches Johannes-Krankenhaus
Neurologische Klinik
Schlaflabor mit 2 Ableiteplätzen
(Hyposomnien, Hypersomnien:
Narkolepsie, Schlafapnoe)

Prof. Dr. P. Clarenbach
Schildescher Str. 99
4800 Bielefeld 1
Tel.: (05 21) 8 01 45 51

Bonn

* Nervenklinik und Poliklinik-Neurologie der
Universität
Schlafambulanz und polysomnographischer
Schlafdiagnostik
(Forschung, Diagnostik, Therapie: Hypersomnien,
Hyposomnien)

Dr. J.-P. Sieb
Sigmund-Freud-Str. 25
5300 Bonn
Tel.: (02 28) 2 8033 61

Bremen

* Zentrakrankenhaus Bremen-Ost
Institut für klinische Neurophysiologie
(Polysomnographische Schlafdiagnostik bei Hypo-
und Hypersomnien, Schlafapnoe)

Frau Dr. G. Freund
Züricher Str. 40
2800 Bremen
Tel.: (04 21) 4 083 76

Bremerhaven

Zentralkrankenhaus Reinkenheide
Neurologische Klinik
(Polysomnographische Diagnostik bei
Hypersomnien:
Schlafapnoe, Narkolepsie)

Priv.-Doz. Dr. U. Beck
Postbrookstraße
2850 Bremerhaven
Tel.: (04 71) 2 9934 19

Calw

* Landesklinik Nordschwarzwald
Schlaflabor für gerontopsychiatrische Patienten

Prof. Dr. Linden, Dr. Gündel, Dr. Kummer
Postfach
7260 Calw
Tel.: (0 70 51) 5 86 24 14

Dillingen (Saar)

Caritas-Krankenhaus
* Institut für Schlafstörungen und Schlafforschung (4
Ableiteplätze)
(Polysmonographische Schlafdiagnostik bei Hypo-
und Hypersomnien, Schlafapnoe)

Priv.-Doz. Dr. W. Emser
Werkstr. 1
6638 Dillingen (Saar)
Tel.: (0 68 31) 70 82 50

Frankfurt

* Psychiatrische Klinik der Universität
Spezialambulanz für Schlafgestörte mit
angeschlossenem Schlaflabor
(Diagnostik und Therapie von Hypersomnien:
Narkolepsie, Schlafapnoe nur Diagnostik;
Hyposomnien, insbes. schwere chron. Hyposomnien)

---

* Mitglied in der Arbeitsgemeinschaft Klinische Schlafzentren (AKS)

Dr. S. Volk
Heinrich-Hofmann-Str. 10
6000 Frankfurt a.M.
Tel.: (0 69) 63 01-50 04

Freiburg

* Psychiatrische Universitätsklinik
Schlafambulanz mit polysomnographischer
Schlafdiagnostik
(Forschungsgebiete: Schlafendokrinologie, Schlaf-
störungen bei psychiatrischen Erkrankungen)

Dr. A. Steiger
Hauptstr. 5
7800 Freiburg
Tel.: (07 61) 27 08-2 10/2 11

Gauting

* Zentralkrankenhaus Gauting (LVA Oberbayern)
Labor für Schlaf- und Atemregulationsstörungen

Dr. R. Lund, Dr. J. Stumpner
Unterbrunner Str. 85
8035 Gauting
Tel.: 0 89) 8 57 91-3 69 / -3 67 / 3 12

Göttingen

* Psychiatrische Universitätsklinik
Schlafambulanz mit polysomnographischer
Schlafdiagnostik
(3 Ableiteplätze)
(Forschung, Diagnostik, Therapie: Hypersomnien,
Hyposomnien)

Prof. Dr. E. Rüther
von-Siebold-Str. 5
3400 Göttingen
Tel.: (05 51) 39-66 10/11

Hagen

* Klinik Ambrock
Zentrum für Pneumologie und Thoraxchirurgie
Schlaflabor für nächtliche Atem- und Kreislaufregulationsstörungen
(2 Meßplätze, davon 1 drahtgebundener Meßplatz
mit Videometrie, 1 Telemetrie-Meßplatz),
(Spezielle Indikationen: Schlafapnoe-Syndrom mit
Einstellung auf nCPAP-Therapie, chronisch obstruktive Ventilationsstörungen: nächtliche O_2-Therapie)

Prof. Dr. K.-H. Rühle
5800 Hagen 1
Tel.: (0 23 31) 78 08-2 02

Klingenmünster

Pfalzklinik Landeck
* Schlafambulanz mit Schlaflabor
(Polysomnographische Diagnostik bei Hyper- und
Hyposomnien)

Priv.-Doz. Dr. R. Steinberg
Postfach
6749 Klingenmünster
Tel.: (0 63 49) 7 92 14

Lahr

Kreiskrankenhaus Lahr
Neurologische Klinik
Schlaflabor
(Diagnostik und Therapie von Hypersomnien
(Narkolepsie, Schlafapnoe) und Hyposomnien)

Prof. Dr. K. Kendel
Klosterstr. 19
7630 Lahr
Tel.: (0 78 21) 2 85-4 10

Mainz

* Psychiatrische Klinik und Poliklinik der Universität
(Polysomnographische Schlafdiagnostik bei Hypo-
und Hypersomnien)

Dr. Th. Herth
Untere Zahlbacher Str. 8
6500 Mainz
Tel.: (0 61 31) 17-24 09

Mannheim

* Zentralinstitut für Seelische Gesundheit J 5
Psychiatrische Klinik
Schlafambulanz mit polysomnographischer
Schlafdiagnostik
(3 Ableiteplätze)
(Forschung, Diagnostik, Therapie: Hypersomnien,
Hyposomnien)

Prof. Dr. M. Berger
Postfach 59 70
6800 Mannheim 1
Tel.: (06 21) 1 70 31

Marburg

* Zentrum für Innere Medizin
Medizinische Poliklinik der Universität
Prof. Dr. P. v. Wichert
Labor für Zeitreihenanalyse
(5 Ableiteplätze)
(Forschung, Diagnostik, Therapie: Apnoen, Schlaf-
Wach-Störungen)

Priv.-Doz. Dr. J. H. Peter
Baldinger Straße
3550 Marburg/Lahn
Tel.: (0 64 21) 28-27 02

München

* Max-Planck-Institut für Psychiatrie — Klinik
Schlaflabor
(Forschung, Diagnostik und Therapie von
Hypersomnien, andere Schlafstörungen)

Dr. H. Schulz, Dr. E. Kiss, Dr. M. Wiegand
Kraepelinstr. 10
8000 München 40
Tel.: (0 89) 30 62 21

* Mitglied in der Arbeitsgemeinschaft Klinische Schlafzentren (AKS)

* Psychiatrische Klinik und Poliklinik der
Universität
(Polysomnographische Schlafdiagnostik, vorwiegend
klinische Fragestellungen)

Prof. Dr. G. Laakmann
Nußbaumstr. 7
8000 München 2
Tel.: (0 89) 61 60-34 39

Münster

* Psychologisches Institut II der Universität
Laboratorium für experimentelle
Schlafuntersuchungen
a) Ambulanz
b) Forschung
(zu a: Polysomnographische Schlafableitungen
[z. Z. 2 Ableiteplätze], Diagnosestellung und
therapeutische Beratung, Kostenübernahme durch
Kassen möglich)

Prof. Dr. Becker-Carus
Schlaumstr. 2
4400 Münster
Tel.: (02 51) 83-41 41/41 15

Norderney

* Klinik Norderney (LVA Westfalen)
Klinik für Erkrankungen der Atmungsorgane und
Allergien
Schlaflabor für nächtliche Atem- und Kreislauf-
regulationsstörungen

Priv.-Doz. Dr. J. Fischer
Kaiserstraße 26
2982 Norderney
Tel.: (0 49 32) 8 92-2 00

Regensburg

* Bezirkskrankenhaus Regensburg
Polysomnographische Schlafdiagnostik im
Bezirkskrankenhaus Regensburg
(Diagnosestellung und therapeutische Beratung)

Priv.-Doz. Dr. Klein, Dr. Geisler
Universitätsstr. 84
8400 Regensburg
Tel.: (09 41) 94 1-3 37

Schwalmstadt-Treysa

* Neurologische Klinik Hephata
Klinisches Schlafzentrum mit Kassenambulanz
(Hypersomnien, Schlafapnoe, Narkolepsie,
Tagesschläfrigkeit unklarer Genese)

Prof. Dr. K. Meier-Ewert
Heinrich Wiegand-Str. 57
3578 Schwalmstadt-Treysa
Tel.: (0 66 91) 1 82 60
Fax: (0 66 91) 1 81 89

Tübingen

* Psychiatrische Klinik der Universität
Schlaflabor (vorwiegend Forschung: endogene
Psychosen, Hypersomnien)

Dr. H. Giedke
Osianderstr. 22
7400 Tübingen
Tel.: (0 70 71) 29 23 11

Würzburg

* Psychiatrische Klinik und Poliklinik der Universität
(Diagnose und Therapie funktioneller
Schlafstörungen sowie
Grundlagenforschung zur Physiologie und
Biochemie der Schlaf-Wach-Regulation)

Prof. Dr. Beckmann
Füchsleinstr. 15
8700 Würzburg
Tel.: (09 31) 2 03-3 01

ÖSTERREICH

Allgemeines Krankenhaus
Psychiatrische Universitätsklinik

Prof. Dr. B. Saletu
Lazarettgasse 14
A-1097 Wien

SCHWEIZ

Medizinisches Zentrum Mariastein

Prof. Dr. G. Schoenenberger, Dr. D. Schneider-
Helmert
CH-4115 Mariastein bei Basel

Psychiatrische Klinik Königsfelden
Forschungsabteilung

Dr. R. Thomann
CH-5200 Windisch (Aargau)

Laboratorium für experimentelle und klinische
Schlafforschung der Universität Zürich

Prof. Dr. D. Lehmann, Prof. Dr. Ingeborg Strauch
Prof. Dr. A. Borbely

1) Neurologische Universitätsklinik
Rämistr. 100
CH 8006 Zürich

2) Institut für klinische Psychologie
Schmelzbergstr. 40
CH-8044 Zürich

---

* Mitglied in der Arbeitsgemeinschaft Klinische Schlafzentren (AKS)

Stichwortverzeichnis